120个奇妙的代数问题
及20个奖励问题

120 Awesome Algebra Problems + 20 Bonus Problems

[美]蒂图·安德雷斯库(Titu Andreescu)
[美]艾德里安·安德雷斯库(Adrian Andreescu)   著

罗 炜 译

哈尔滨工业大学出版社
HARBIN INSTITUTE OF TECHNOLOGY PRESS

黑版贸登字 08-2022-067 号

内容简介

本书共包含 26 章,给出了 120 个代数问题及其详细的解答,还给出了 20 个附加的奖励问题及其解答.本书大部分题目给出了多个解法,进一步加强了对本书的阐述.前 4 章是基础,为了帮助读者熟悉和掌握代数的相关概念,因此讨论了这些概念的实际用途,并且利用本书前面的概念重新探讨了多项式对于代数的意义,并进一步扩展了更复杂的应用.

本书适合高等院校师生、准备参加数学奥林匹克竞赛的学生和对此部分感兴趣的读者参考阅读.

图书在版编目(CIP)数据

120 个奇妙的代数问题及 20 个奖励问题/(美)蒂图·安德雷斯库(Titu Andreescu),(美)艾德里安·安德雷斯库(Adrian Andreescu)著;罗炜译. —哈尔滨:哈尔滨工业大学出版社,2024.1
书名原文:120 Awesome Algebra Problems + 20 Bonus Problems
ISBN 978 - 7 - 5767 - 1178 - 3

Ⅰ.①1… Ⅱ.①蒂… ②艾… ③罗… Ⅲ.①代数
Ⅳ.①O15

中国国家版本馆 CIP 数据核字(2024)第 010919 号

120 GE QIMIAO DE DAISHU WENTI JI 20 GE JIANGLI WENTI

策划编辑　刘培杰　张永芹
责任编辑　宋　淼
封面设计　孙茵艾
出版发行　哈尔滨工业大学出版社
社　　址　哈尔滨市南岗区复华四道街 10 号　邮编 150006
传　　真　0451 - 86414749
网　　址　http://hitpress. hit. edu. cn
印　　刷　哈尔滨市颉升高印刷有限公司
开　　本　787 mm×1 092 mm　1/16　印张 12.5　字数 182 千字
版　　次　2024 年 1 月第 1 版　2024 年 1 月第 1 次印刷
书　　号　ISBN 978 - 7 - 5767 - 1178 - 3
定　　价　48.00 元

(如因印装质量问题影响阅读,我社负责调换)

美国著名奥数教练蒂图·安德雷斯库

序　言

　　《120个奇妙的代数问题及20个奖励问题》是一本以代数为中心的深度学习书籍,以美丽和耐人寻味的问题为特色.本书是我们多年来课程开发、教学经验和问题写作的结晶,所有问题都是我们原创的,它是一部全面的作品,共包含26章内容,其中前13章给出了相关问题,后13章为与问题对应的解答.该书展示了代数的核心,不是作为一本教科书,而是作为最基本的概念及其应用的集合.

　　首先,第1章介绍了多项式的一个经典例子——二次方程.从这里开始,所涉及的主题在难度和复杂性上都有所提高.接下来,我们在前面几章的基础上,对整数、实数和它们所需要的代数基础进行了探讨和归纳.第4章巩固了前面的这些概念,并在介绍代数的其他方面之前,讨论了这些概念的更实际的用途.

　　随着本书的深入,前几章提出的代数的基础思想在其余章节中被大量使用.第5章和第6章的共同主题是方程和它们的各种形式.在这里,这些方程的数值特性和它们的实数解和整数解被详细地研究.此外,这两章是接下来两章的基础.

　　接下来,方程解决策略、定理和实际例子之间发生了重合.我们之前关注的是量化方程的数值特性以及解的众多方法,现在我们提出了经常遇到的最值问题以及不等式问题.尽管难度有所提高,但我们相信,本章节所说明的概念对广大读者来说是可以接受的,如果有读者发现阅读起来有困难,可以先去复习前面的章节.

　　随着本书接近尾声,数列和级数不可避免地到来.我们介绍了数学中自然产生的序列的有趣例子.最后,我们利用本书前几部分所涉及的概念,重新探讨了多项式对于代数的意义.第11章和第12章进一步扩展了更复杂的应用,并展示了代数与其他数学领域之间的联系.

　　正如本书的标题一样,我们在第13章中额外增加了20个值得注意的问题.其中,第14章到第26章包含了前13章的题目解答.我们还给出了很多问题的多个解答,以便全面地介绍这些基本的代数方法及其附带的定理.我们努力通过这些问题来说明代数的魅力和相互之间的联系,这些问题都是作者的原创,并对各章进行了精巧的安排.无论你是准备参加数学奥林匹克竞赛级别的比赛,如USA(J)MO,还是正式学习数学,或者代数只是引起了你的兴趣,我们相信你会欣赏这些主题和奇妙的问题.

　　我们非常感谢 Alessandro Ventullo, 他孜孜不倦地打磨本书, 巩固其形式, 帮助它成为现在的样子. 最后, 我们要感谢 Richard Stong, 感谢他对书稿的尽职审查和编辑.

Titu Andreescu, Adrian Andreeescu

目　录

题　目

二 次 方 程

1. 求所有的实数对 (a, b), 使得方程 $x^2 + ax + b = 0$ 的根是 $3a$ 和 $3b$.

Adrian Andreescu

2. 设实数 p 和 q 使得方程 $x^2 + px + q = 0$ 的一个根是另一个根的平方. 证明: $p \leqslant \dfrac{1}{4}$ 并且

$$p^3 - 3pq + q^2 + q = 0$$

Adrian Andreescu – 数学反思*J464

3. 设 a 和 b 是实数. 证明: 下面的方程

$$x^2 + ax + b = 0, \quad x^2 + bx + a = 0, \quad x^2 + (ab+8)x + a^3 + b^3 + 16 = 0$$

中至少有一个有实数根.

Adrian Andreescu

4. (1) 证明: 对于任意实数 a, b, c, 有

$$a^2 + \left(2 - \sqrt{2}\right)b^2 + c^2 \geqslant \sqrt{2}(ab - bc + ca)$$

(2) 求最小的常数 k, 使得对于所有的实数 a, b, c, 均有

$$a^2 + kb^2 + c^2 \geqslant \sqrt{2}(ab + bc + ca)$$

Titu Andreescu – 数学反思 J423

5. 设正实数 a 和 b 均小于 2, 并且满足 $ab = 2$. 求方程

$$4(x^2 + ax + b)(x^2 + bx + a) + a^3 + b^3 = 9$$

的实数解.

Adrian Andreescu – 数学反思 S547

6. 设 $f(x) = ax^2 + bx + c$, 其中 a, b, c 是实数, 满足 $a > 0$, $ab \geqslant \dfrac{1}{8}$. 证明: $f(b^2 - 4ac) \geqslant 0$.

Titu Andreescu – 罗马尼亚数学奥林匹克 1989

7. 设 $f(x) = ax^2 + bx + c$, 其中 $a < 0 < b$, $b\sqrt[3]{c} \geqslant \dfrac{3}{8}$. 证明:

$$f\left(\frac{1}{\Delta^2}\right) \geqslant 0, \Delta = b^2 - 4ac$$

Titu Andreescu – 数学反思 U471

8. 设 a, b, c, d 是正实数. 证明:

$$3(a^2 - ab + b^2)(c^2 - cd + d^2) \geqslant 2(a^2c^2 - abcd + b^2d^2)$$

Titu Andreescu – 数学反思 S23

9. 设正实数 a, b, c 满足 $a + b + c = 1$. 证明: 对于任意正实数 t, 有

$$(at^2 + bt + c)(bt^2 + ct + a)(ct^2 + at + b) \geqslant t^3$$

Titu Andreescu – 数学反思 S319

10. 证明: 对所有实数 a, b, c, 有不等式

$$3(a^2 - ab + b^2)(b^2 - bc + c^2)(c^2 - ca + a^2) \geqslant a^3b^3 + b^3c^3 + c^3a^3$$

Titu Andreescu – 数学反思 S29

方程的实数解

11. 求方程

$$(3x+1)(4x+1)(6x+1)(12x+1) = 5$$

的实数解.

Titu Andreescu – AwesomeMath 入学测试 2012

12. 求方程

$$\left(x^2 - 2\sqrt{2}x\right)\left(x^2 - 2\right) = 2\,021$$

的实数解.

Adrian Andreescu – 数学反思 J553

13. 求方程

$$x^4 + 2x^3 - 1\,850x^2 - 2x + 1 = 0$$

的实数解.

Adrian Andreescu

14. 求所有的实数 a,使得方程

$$\left(\frac{x}{x-1}\right)^2 + \left(\frac{x}{x+1}\right)^2 = a$$

有四个实数根.

Adrian Andreescu – 数学反思 J471

15. 证明:方程 $x^3 - 6x^2 + 3x - 2 = 0$ 有一个根具有形式 $\sqrt[3]{a} + \sqrt[3]{b} + \sqrt[3]{c}$,其中 a, b, c 是正整数.

Adrian Andreescu

16. 方程

$$x^3 - \frac{1}{x} = 4$$

有两个实数根 x_1 和 x_2. 计算 $x_1^2 + x_2^2$.

Titu Andreescu

17. 求方程

$$4x^3 + \frac{127}{x} = 2\,016$$

的实数解.

Adrian Andreescu – 数学反思 J391

18. 求方程

$$\left(\frac{2}{x^2+1}\right)^2 - \left(\frac{1}{x^2-1}\right)^2 = \left(\frac{1}{2x}\right)^2$$

的实数解.

Titu Andreescu

19. 求方程

$$(x^3 - 3x)^2 + (x^2 - 2)^2 = 4$$

的实数解.

Titu Andreescu – 数学反思 S553

20. 求方程

$$\frac{1}{2}\left(\frac{x^3}{y} + \frac{y^3}{x}\right) = 2 - \frac{1}{xy}$$

的实数解.

Adrian Andreescu

方程的整数解

21. 求方程
$$2(6xy + 5)^2 - 15(2x + 2y)^2 = 2\,018$$
的正整数解.

Adrian Andreescu – 数学反思 J451

22. 求方程
$$xy + yz + zx - 5\sqrt{x^2 + y^2 + z^2} = 1$$
的正整数解.

Titu Andreescu – 数学反思 O247

23. 求所有的正整数组 (x, y, z),满足方程
$$5(x^2 + 2y^2 + z^2) = 2(5xy - yz + 4zx)$$
并且 x, y, z 中至少有一个为素数.

Adrian Andreescu – 数学反思 J491

24. 求方程
$$\min\{x^4 + 8y, 8x + y^4\} = (x + y)^2$$
的正整数解.

Titu Andreescu – 数学反思 J503

25. 求方程
$$x^3 - y^3 - 1 = (x + y - 1)^2$$

的整数解.

Adrian Andreescu – 数学反思 S445

26. 求方程

$$(mn + 8)^3 + (m + n + 5)^3 = (m - 1)^2(n - 1)^2$$

的整数解.

Titu Andreescu – 数学反思 S498

27. 求方程

$$101x^3 - 2\,019xy + 101y^3 = 100$$

的正整数解.

Titu Andreescu – 数学反思 S503

28. 求方程

$$(x^3 - 1)(y^3 - 1) = 3(x^2y^2 + 2)$$

的整数解.

Titu Andreescu – 数学反思 O397

29. 求方程

$$x^2 + xy + y^2 = \left(\frac{x + y}{3} + 1\right)^3$$

的整数解.

Titu Andreescu – USAJMO* 2015

30. 考虑方程

$$\left(3x^3 + xy^2\right)\left(x^2y + 3y^3\right) = (x - y)^7$$

(1) 证明：存在无穷多的正整数对 (x, y) 满足方程.
(2) 描述方程的所有正整数解 (x, y).

Titu Andreescu – USAJMO 2017

---

*美国的一个数学比赛，面向十年级及以下的学生. ——译者注

代 数 方 程

31. 求方程

$$\sqrt{1\ 019 - x} - \sqrt[3]{2\ 019 + x} = 16$$

的实数解.

Titu Andreescu – AwesomeMath 入学测试 2019

32. 求方程

$$\sqrt{2\ 020 + \sqrt{x}} - x = 20$$

的正实数解.

Titu Andreescu – AwesomeMath 入学测试 2020

33. 求方程

$$\sqrt[3]{x^3 + 3x^2 - 4} - x = \sqrt[3]{x^3 - 3x + 2} - 1$$

的实数解.

Adrian Andreescu – 数学反思 S463

34. 求方程

$$\sqrt[3]{x + 2 + \sqrt{2}(x-1)} + \sqrt[3]{x + 2 - \sqrt{2}(x-1)} = \sqrt[3]{4x}$$

的实数解.

Titu Andreescu – AwesomeMath 入学测试 2014

35. 求方程

$$\sqrt{2x + 1} + \sqrt{6x + 1} = \sqrt{12x + 1} + 1$$

的实数解.

Titu Andreescu

36. 求方程

$$x + \sqrt{(x+1)(x+2)} + \sqrt{(x+2)(x+3)} + \sqrt{(x+3)(x+1)} = 4$$

的所有解, 满足 $x \geqslant -1$.

Titu Andreescu

37. 求方程

$$\sqrt{x^4 - 4x} + \frac{1}{x^2} = 1$$

的正实数解.

Titu Andreescu – 数学反思 J407

38. 求方程

$$\sqrt[3]{x} + \sqrt[3]{y} = \frac{1}{2} + \sqrt{x + y + \frac{1}{4}}$$

的实数解.

Adrian Andreescu – 数学反思 J375

39. 求方程

$$2\sqrt{x - x^2} - \sqrt{1 - x^2} + 2\sqrt{x + x^2} = 2x + 1$$

的实数解.

Titu Andreescu – 数学反思 S409

40. 求方程

$$\sqrt{x + \sqrt{x + \sqrt{x + \sqrt{3x}}}} = 2x$$

的实数解.

Adrian Andreescu

方 程 组

41. 求下列方程组的实数解：

$$\begin{cases} x^2 + 7 = 5y - 6z \\ y^2 + 7 = 10z + 3x \\ z^2 + 7 = -x + 3y \end{cases}$$

Adrian Andreescu

42. 求下列方程组的实数解：

$$x(y + z - x^3) = y(z + x - y^3) = z(x + y - z^3) = 1$$

Titu Andreescu – 数学反思 J313

43. 求三角形的三边长 a, b, c，满足方程组

$$\begin{cases} \dfrac{abc}{-a + b + c} = 40 \\ \dfrac{abc}{a - b + c} = 60 \\ \dfrac{abc}{a + b - c} = 120 \end{cases}$$

Titu Andreescu – *AwesomeMath* 入学测试 2012

44. 求所有的 5 元整数组 (v, w, x, y, z)，满足方程组

$$\begin{cases} x^2 + xy - 2yz + 3zx = 2\ 020 \\ y^2 + yz - 2zx + 3xy = v \\ z^2 + zx - 2xy + 3yz = w \\ v + w = 5 \end{cases}$$

Titu Andreescu – 数学反思 O511

11

45. 求方程组

$$\begin{cases} (x - \sqrt{xy})(x + 3y) = 8\left(9 + 8\sqrt{3}\right) \\ (y - \sqrt{xy})(3x + y) = 8\left(9 - 8\sqrt{3}\right) \end{cases}$$

的正实数解.

Adrian Andreescu – 数学反思 J541

46. 求方程组

$$\begin{cases} x^4 - y^4 = \dfrac{121x - 122y}{4xy} \\ x^4 + 14x^2y^2 + y^4 = \dfrac{122x + 121y}{x^2 + y^2} \end{cases}$$

的非零实数解.

Titu Andreescu – 数学反思 S180

47. 求方程组

$$\begin{cases} x^2y + y^2z + z^2x - 3xyz = 23 \\ xy^2 + yz^2 + zx^2 - 3xyz = 25 \end{cases}$$

的整数解.

Adrian Andreescu – 数学反思 J413

48. 设 a 和 b 是不同的正实数. 求所有的正实数对 (x, y), 满足方程组

$$\begin{cases} x^4 - y^4 = ax - by \\ x^2 - y^2 = \sqrt[3]{a^2 - b^2} \end{cases}$$

Titu Andreescu – 韩国数学奥林匹克 2001

49. 解方程组

$$\begin{cases} x(x^4 - 5x^2 + 5) = y \\ y(y^4 - 5y^2 + 5) = z \\ z(z^4 - 5z^2 + 5) = x \end{cases}$$

Titu Andreescu – 数学反思 S419

50. 求方程组

$$\begin{cases} (x + 1)(y + 1)(z + 1) = 5 \\ (\sqrt{x} + \sqrt{y} + \sqrt{z})^2 - \min\{x, y, z\} = 6 \end{cases}$$

的非负实数解.

Titu Andreescu – 数学反思 O265

指数和对数

51. 解方程

$$\lg \frac{2^x - 5^x}{3} = \frac{x-1}{2}$$

Titu Andreescu – AwesomeMath 入学测试 2015

52. 证明:对所有实数 x, y, z,三个数

$$2^{3x-y} + 2^{3x-z} - 2^{y+z+1}$$
$$2^{3y-z} + 2^{3y-x} - 2^{z+x+1}$$
$$2^{3z-x} + 2^{3z-y} - 2^{x+y+1}$$

中至少有一个是非负的.

Adrian Andreescu – 数学反思 J415

53. 解方程

$$\lg(1 - 2^x + 5^x - 20^x + 50^x) = 2x$$

Adrian Andreescu – 数学反思 S211

54. 对正整数 k,设 $f(k) = 4^k + 6^k + 9^k$. 证明:对所有非负整数 $m \leqslant n$,有 $f(2^m)$ 整除 $f(2^n)$.

Titu Andreescu – 数学反思 O55

55. 设 m 和 n 是正整数. 证明:

$$\frac{x^{mn} - 1}{m} \geqslant \frac{x^n - 1}{x}$$

对所有正实数 x 成立.

Titu Andreescu

56. 求所有的正整数 n, 使得 $2^n + 3^n + 13^3 - 14^n$ 是完全立方数.

Titu Andreescu – 数学反思 O218

57. 设 n 是正整数, $a_1, a_2, \cdots, a_n$ 是区间 $\left(0, \dfrac{1}{n}\right)$ 内的实数. 证明:

$$\log_{1-a_1}(1 - na_2) + \log_{1-a_2}(1 - na_3) + \cdots + \log_{1-a_n}(1 - na_1) \geqslant n^2$$

Titu Andreescu – 数学反思 J287

58. 对实数 x, 求 $\dfrac{42^x}{48} + \dfrac{48^x}{42} - 2\,016^x$ 的最大值.

Titu Andreescu – *AwesomeMath* 入学测试 2016

59. 设 $i_1 < i_2 < \cdots < i_l, j_1 \leqslant j_2 \leqslant \cdots \leqslant j_m$ 是非负整数, 满足

$$2^{i_1} + \cdots + 2^{i_l} = 2^{j_1} + \cdots + 2^{j_m}$$

证明: $l \leqslant m$.

Titu Andreescu, Marian Tetiva – 数学反思 O537

60. 证明: 对于 $x \in \mathbb{R}$, 方程

$$2^{2^{x-1}} = \frac{1}{2^{2^x} - 1} \text{ 和 } 2^{2^{x+1}} = \frac{1}{2^{2^{x-1}} - 1}$$

等价.

Titu Andreescu – 数学反思 J358

极 值 问 题

61. 设正实数 a, b, c 满足 $a + b + c = 1$. 求

$$2\left(\frac{a}{1-a} + \frac{b}{1-b} + \frac{c}{1-c}\right) + 9(ab + bc + ca)$$

的最小值.

Titu Andreescu – AwesomeMath 入学测试 2013

62. (1) 求最大的实数 r, 使得

$$ab \geqslant r\left(1 - \frac{1}{a} - \frac{1}{b}\right)$$

对所有正实数 a, b 成立. (2) 对正实数 x, y, z, 求 $xyz(2 - x - y - z)$ 的最大值.

Titu Andreescu – 数学反思 J438

63. 证明: 对任意实数 a, b, c, d, 有

$$a^2 + b^2 + c^2 + d^2 + \sqrt{5}\min\{a^2, b^2, c^2, d^2\} \geqslant \left(\sqrt{5} - 1\right)(ab + bc + cd + da)$$

Titu Andreescu – 数学反思 O421

64. 设 $a, b, c, d \geqslant -1$ 满足 $a + b + c + d = 4$. 求

$$(a^2 + 3)(b^2 + 3)(c^2 + 3)(d^2 + 3)$$

的最大值.

Titu Andreescu – 数学反思 S447

65. 对正实数 a, b, c, 求

$$\left(\frac{9b + 4c}{a} - 6\right)\left(\frac{9c + 4a}{b} - 6\right)\left(\frac{9a + 4b}{c} - 6\right)$$

的最大值.

Titu Andreescu – 数学反思 S449

66. 求所有的实数 $x, y, z \geqslant 1$,满足

$$\min\left\{\sqrt{x+xyz}, \sqrt{y+xyz}, \sqrt{z+xyz}\right\} = \sqrt{x-1} + \sqrt{y-1} + \sqrt{z-1}$$

Titu Andreescu – *USAJMO 2013*

67. 设 a, b, c 是大于或等于 1 的实数. 证明:

$$\min\left\{\frac{10a^2 - 5a + 1}{b^2 - 5b + 10}, \frac{10b^2 - 5b + 1}{c^2 - 5c + 10}, \frac{10c^2 - 5c + 1}{a^2 - 5a + 10}\right\} \leqslant abc$$

Titu Andreescu – *USAJMO 2014*

68. 设实数 $a_1, a_2, \cdots, a_n (n > 3)$ 满足

$$a_1 + a_2 + \cdots + a_n \geqslant n, \quad a_1^2 + a_2^2 + \cdots + a_n^2 \geqslant n^2$$

证明:$\max\{a_1, a_2, \cdots, a_n\} \geqslant 2$.

Titu Andreescu – *USAMO* 1999*

69. 对 $n \geqslant 2$,设 $a_1, a_2, \cdots, a_n$ 为正实数,满足

$$(a_1 + a_2 + \cdots + a_n)\left(\frac{1}{a_1} + \frac{1}{a_2} + \cdots + \frac{1}{a_n}\right) \leqslant \left(n + \frac{1}{2}\right)^2$$

证明:$\max\{a_1, a_2, \cdots, a_n\} \leqslant 4\min\{a_1, a_2, \cdots, a_n\}$.

Titu Andreescu – *USAMO 2009*

70. 设正实数 a, b, c 满足 $a + b + c = 4\sqrt[3]{abc}$. 证明:

$$2(ab + bc + ca) + 4\min\{a^2, b^2, c^2\} \geqslant a^2 + b^2 + c^2$$

Titu Andreescu – *USAMO 2018*

---

*美国数学奥林匹克,选择美国国家队成员的比赛. ——译者注

不 等 式

71. 设 a, b, c 为非负实数,证明:

$$(a - 2b + 4c)(-2a + 4b + c)(4a + b - 2c) \leqslant 27abc$$

Adrian Andreescu – 数学反思 J379

72. 设非负实数 a, b, c, d 满足 $a^2 + b^2 + c^2 + d^2 = 4$. 证明:

$$\frac{1}{5 - \sqrt{ab}} + \frac{1}{5 - \sqrt{bc}} + \frac{1}{5 - \sqrt{cd}} + \frac{1}{5 - \sqrt{da}} \leqslant 1$$

Titu Andreescu – 数学反思 O393

73. 设正实数 $a_1, \cdots, a_n$ 满足

$$\sqrt{a_1} + \sqrt{a_2} + \cdots + \sqrt{a_n} = a_1 + a_2 + \cdots + a_n$$

证明:

$$\sqrt{a_1^2 + 1} + \sqrt{a_2^2 + 1} + \cdots + \sqrt{a_n^2 + 1} \leqslant n\sqrt{2}$$

Titu Andreescu – 数学反思 O343

74. 设正实数 a, b, c 满足

$$a^2 + b^2 + c^2 + (a + b + c)^2 \leqslant 4$$

证明:

$$\frac{ab + 1}{(a + b)^2} + \frac{bc + 1}{(b + c)^2} + \frac{ca + 1}{(c + a)^2} \geqslant 3$$

Titu Andreescu – USAJMO 2011

75. 设 a, b, c 是正实数. 证明:

$$\frac{a^3 + 3b^3}{5a + b} + \frac{b^3 + 3c^3}{5b + c} + \frac{c^3 + 3a^3}{5c + a} \geqslant \frac{2}{3}(a^2 + b^2 + c^2)$$

Titu Andreescu – USAJMO 2012

76. 设 $a, b, c \geqslant 0$, 满足

$$a^2 + b^2 + c^2 + abc = 4$$

证明:

$$0 \leqslant ab + bc + ca - abc \leqslant 2$$

Titu Andreescu – USAMO 2001

77. 设 a, b, c 是正实数. 证明:

$$\frac{(2a + b + c)^2}{2a^2 + (b + c)^2} + \frac{(2b + c + a)^2}{2b^2 + (c + a)^2} + \frac{(2c + a + b)^2}{2c^2 + (a + b)^2} \leqslant 8$$

Titu Andreescu, 冯祖鸣 *– USAMO* 2003

78. 设 a, b, c 是正实数. 证明:

$$(a^5 - a^2 + 3)(b^5 - b^2 + 3)(c^5 - c^2 + 3) \geqslant (a + b + c)^3$$

Titu Andreescu – USAMO 2004

79. 对满足条件 $a + b + c + d = 4$ 的非负实数 a, b, c, d, 求

$$\frac{a}{b^3 + 4} + \frac{b}{c^3 + 4} + \frac{c}{d^3 + 4} + \frac{d}{a^3 + 4}$$

的最小值.

Titu Andreescu – USAMO 2017

80. 设 n 是正整数. 求最大的常数 $c_n > 0$, 使得对所有正实数 $x_1, \cdots, x_n$, 有

$$\frac{1}{x_1^2} + \cdots + \frac{1}{x_n^2} + \frac{1}{(x_1 + \cdots + x_n)^2} \geqslant c_n \left(\frac{1}{x_1} + \cdots + \frac{1}{x_n} + \frac{1}{x_1 + \cdots + x_n} \right)^2$$

Titu Andreescu, Dorin Andrica – 数学反思 U193

数列和级数

81. 设 $s_1, s_2, \cdots, s_{25}$ 是某 25 个连续整数的平方. 证明:

$$\frac{s_1 + s_2 + \cdots + s_{25}}{25} - 52$$

也是整数的平方.

Titu Andreescu – AwesomeMath 入学测试 2007

82. 设 n 是正整数. 计算

$$\sum_{k=1}^{n} \frac{(n+k)^4}{n^3 + k^3}$$

Titu Andreescu – 数学反思 S481

83. 设 $a_0 = 1, a_{n+1} = a_0 \cdot \cdots \cdot a_n + 3, n \geqslant 0$. 证明:

$$a_n + \sqrt[3]{1 - a_n a_{n+1}} = 1, \, n \geqslant 1$$

Titu Andreescu – AwesomeMath 入学测试 2010

84. 设 $a_1 = a_2 = 97$,

$$a_{n+1} = a_n a_{n-1} + \sqrt{(a_n^2 - 1)(a_{n-1}^2 - 1)}, \, n > 1$$

证明:

 (1) $2 + 2a_n$ 是完全平方数.

 (2) $2 + \sqrt{2 + 2a_n}$ 是完全平方数.

Titu Andreescu – USAMO 预选题 1997

85. 设 a 是大于 1 的实数. 计算

$$\frac{1}{a^2 - a + 1} - \frac{2a}{a^4 - a^2 + 1} + \frac{4a^3}{a^8 - a^4 + 1} - \frac{8a^7}{a^{16} - a^8 + 1} + \cdots$$

Titu Andreescu – 数学反思 U247

86. 计算

$$\sum_{i=1}^{\infty} \sum_{j=1}^{\infty} \frac{i!j!}{(i+j+1)!}$$

Titu Andreescu – 数学反思 U61

87. 计算

$$\sum_{n \geqslant 0} \frac{2^n}{2^{2^n} + 1}$$

Titu Andreescu – 数学反思 U320

88. 计算

$$\sum_{n=1}^{\infty} \frac{16n^2 - 12n + 1}{n(4n-2)!}$$

Titu Andreescu, Oleg Mushkarov – 数学反思 U322

89. 计算

$$\sum_{n=0}^{\infty} \frac{3^n(2^{3^{n-1}} + 1)}{4^{3^n} + 2^{3^n} + 1}$$

Titu Andreescu – 数学反思 U344

90. 计算

$$\sum_{n \geqslant 2} \frac{(-1)^n(n^2 - n + 1)^3}{(n-2)! + (n+2)!}$$

Titu Andreescu – 数学反思 U457

多项式

91. 考虑复系数多项式

$$P(x) = x^n + a_1 x^{n-1} + \cdots + a_n, \quad Q(x) = x^n + b_1 x^{n-1} + \cdots + b_n$$

分别有零点 $x_1, x_2, \cdots, x_n$ 和 $x_1^2, x_2^2, \cdots, x_n^2$. 证明：若 $a_1 + a_3 + a_5 + \cdots$ 和 $a_2 + a_4 + a_6 + \cdots$ 都是实数，则 $b_1 + b_2 + \cdots + b_n$ 也是实数.

Titu Andreescu – 蒂米什瓦拉数学杂志* 2864

92. 求所有的不同正整数构成的数对 (a, b)，使得存在整系数多项式 P，满足

$$P(a^3) + 7(a + b^2) = P(b^3) + 7(b + a^2)$$

Titu Andreescu – 数学反思 U421

93. 设 P 是整系数非常数多项式. 证明：对任意正整数 n，存在两两互素的正整数 $k_1, k_2, \cdots, k_n > 1$，以及正整数 m，使得 $k_1 k_2 \cdot \cdots \cdot k_n = |P(m)|$.

Titu Andreescu – 数学反思 U450

94. 设 x_1, x_2, x_3, x_4 是多项式 $2\,018x^4 + x^3 + 2\,018x^2 - 1$ 的根. 计算

$$(x_1^2 - x_1 + 1)(x_2^2 - x_2 + 1)(x_3^2 - x_3 + 1)(x_4^2 - x_4 + 1)$$

Titu Andreescu – 数学反思 U451

95. 设实数 a, b, c, d 满足 $b - d \geqslant 5$，并且多项式 $P(x) = x^4 + ax^3 + bx^2 + cx + d$ 的根 x_1, x_2, x_3, x_4 均为实数. 求乘积

$$(x_1^2 + 1)(x_2^2 + 1)(x_3^2 + 1)(x_4^2 + 1)$$

---

*Revista de Matematică din Timişoara 是罗马尼亚的一个数学杂志——译者注

的最小可能值.

Titu Andreescu – USAMO 2014

96. 设多项式 $P(x) = x^n + a_1 x^{n-1} + \cdots + a_{n-1} x + 1$ 的根 $x_1, x_2, \cdots, x_n$ 都是正实数. 证明: 对任意正实数 t, 有

$$(t^2 - tx_1 + x_1^2)(t^2 - tx_2 + x_2^2) \cdots \cdots (t^2 - tx_n + x_n^2) \geqslant 2^n t^{\frac{n}{2}} |P(t)|$$

Titu Andreescu – 数学反思 U529

97. 设实系数多项式 $P(x) = x^4 + ax^3 + bx^2 + cx + 858$ 的根均为大于 1 的实数. 证明:

$$a + b + c < 2\,021$$

AwesomeMath 入学测试 2021

98. 实数 a, b, c, d 使得方程

$$x^5 + ax^4 + bx^3 + cx^2 + dx + 1\,022 = 0$$

的所有根是小于 -1 的实数. 证明:

$$a + c < b + d$$

Titu Andreescu – 数学反思 U547

99. 对整数 m, 设 $p(m)$ 是 m 的最大素因子. 约定 $p(\pm 1) = 1$, $p(0) = \infty$. 求所有的整系数多项式 f, 使得序列 $\{p(f(n^2)) - 2n\}_{n \in \mathbb{Z}_{\geqslant 0}}$ 有上界. (特别地, 这要求 $f(n^2) \neq 0$, 对所有 $n \geqslant 0$ 成立.)

Titu Andreescu, Gabriel Dospinescu – USAMO 2006

100. 设 P 是实系数 5 次多项式, 根均为实数. 证明: 若实数 a, 满足 $P(a) \neq 0$, 则存在实数 b, 满足

$$b^2 P(a) + 4b P'(a) + 5 P''(a) = 0$$

Titu Andreescu – 数学反思 U203

函 数 方 程

101. 求所有函数 $f : \mathbb{R}^* \to \mathbb{R}$, 满足

$$f\left(\frac{2\,016}{x}\right) = 1 - xf(x), \forall \ x \in \mathbb{R}^*$$

Adrian Andreescu – AwesomeMath 入学测试 2016

102. 设函数 $f : \mathbb{R} \to \mathbb{R}$ 满足 $f(f(x)) = 20x - 19$ 对所有 $x \in \mathbb{R}$ 成立.

(1) 计算 $f(1)$.

(2) 证明: 存在满足条件的函数.

Titu Andreescu – AwesomeMath 入学测试 2019

103. 设函数 $f : (0, \infty) \to \mathbb{R}$ 和实数 $a > 0$, 满足 $f(a) = 1$, 并且

$$f(x)f(y) + f\left(\frac{a}{x}\right) f\left(\frac{a}{y}\right) = 2f(xy)$$

对所有 $x, y > 0$ 成立. 证明: f 是常函数.

Titu Andreescu – 蒂米什瓦拉数学杂志 2849

104. 求所有函数 $f : \mathbb{Z} \to \mathbb{Z}$, 满足

$$f(x^3 + y^3 + z^3) = (f(z))^3 + (f(y))^3 + (f(z))^3$$

对所有正数 x, y, z 成立.

Titu Andreescu – 美国数学月刊 10 728

105. 求所有的复系数多项式 P, 使得若复数 a, b 满足 $a^2 + 5ab + b^2 = 0$, 则

$$P(a) + P(b) = 2P(a + b)$$

Titu Andreescu, Mircea Becheanu – 数学反思 U491

106. 求所有多项式 $P(x)$,使得对所有满足 $a^2 + b^2 = ab$ 的复数 a, b,有

$$P(a+b) = 6(P(a) + P(b)) + 15a^2b^2(a+b)$$

Titu Andreescu, Mircea Becheanu – 数学反思 U484

107. 求所有 $P \in \mathbb{R}[x]$,使得若非零实数 x, y, z 满足 $2xyz = x + y + z$,则

$$\frac{P(x)}{yz} + \frac{P(y)}{zx} + \frac{P(z)}{xy} = P(x-y) + P(y-z) + P(z-x)$$

Titu Andreescu, Gabriel Dospinescu – USAMO 2019

108. 求所有的函数 $f : \mathbb{Z} \to \mathbb{Z}$,使得对任意非零整数 x 以及整数 y,有

$$xf(2f(y) - x) + y^2 f(2x - f(y)) = \frac{f(x)^2}{x} + f(yf(y))$$

Titu Andreescu – USAMO 2014

109. 求所有的函数 $f : \mathbb{R} \to \mathbb{R}$,使得对所有实数 x, y,有

$$(f(x) + xy)f(x - 3y) + (f(y) + xy)f(3x - y) = (f(x+y))^2$$

Titu Andreescu – USAMO 2016

110. 求所有的函数 $f : (0, \infty) \to (0, \infty)$,使得若 $x, y, z > 0$ 满足 $xyz = 1$,则有

$$f\left(x + \frac{1}{y}\right) + f\left(y + \frac{1}{z}\right) + f\left(z + \frac{1}{x}\right) = 1$$

Titu Andreescu, Nikolai Nikolov – USAMO 2018

矩阵和行列式

111. (1) 计算行列式

$$\begin{vmatrix} x & y & z & v \\ y & x & v & z \\ z & v & x & y \\ v & z & y & x \end{vmatrix}$$

(2) 证明:如果四个十进制数 $\overline{abcd}, \overline{badc}, \overline{cdab}, \overline{dcba}$ 都被素数 p 整除,那么

$$a+b+c+d, \ a+b-c-d, \ a-b+c-d, \ a-b-c+d$$

中至少一个数被 p 整除.

Titu Andreescu – 罗马尼亚数学奥林匹克 1978

112. 设 $\boldsymbol{A}$ 和 $\boldsymbol{B}$ 为 2×2 实数矩阵,满足

$$(\boldsymbol{AB} - \boldsymbol{BA})^n = \boldsymbol{I}_2$$

其中 n 是正整数. 证明:n 是偶数,并且 $(\boldsymbol{AB} - \boldsymbol{BA})^4 = \boldsymbol{I}_2$.

Titu Andreescu – 罗马尼亚数学奥林匹克 1987

113. 设 P 是复系数多项式, 次数 $n > 2$. 设 $\boldsymbol{A}$ 和 $\boldsymbol{B}$ 是 2×2 复矩阵,满足 $\boldsymbol{AB} \neq \boldsymbol{BA}, P(\boldsymbol{AB}) = P(\boldsymbol{BA})$. 证明:$P(\boldsymbol{AB}) = c\boldsymbol{I}_2$,其中 c 是复数.

Titu Andreescu, Dorin Andrica – 数学反思 U75

114. 证明:对任意 $\boldsymbol{A}, \boldsymbol{B} \in \mathcal{M}_3(\mathbb{C})$,有

$$\det(\boldsymbol{AB} - \boldsymbol{BA}) = \frac{\operatorname{tr}(\boldsymbol{AB} - \boldsymbol{BA})^3}{3}$$

Titu Andreescu – 蒂米什瓦拉数学杂志 6377

115. 设

$$A = \begin{pmatrix} 4 & -3 & 2 \\ 15 & -10 & 6 \\ 10 & -6 & 3 \end{pmatrix}$$

求最小的正整数 n，使得 A^n 的某个元素为 2 019.

Titu Andreescu – 数学反思 U480

116. 设 A, B, C 为 n 阶方阵，满足

$$ABC = BCA = A + B + C$$

证明：$A(B + C) = (B + C)A.$

Titu Andreescu – 数学反思 U493

117. 设 X, Y, Z 为 $n \times n$ 矩阵，满足

$$X + Y + Z = XY + YZ + ZX$$

证明：三个等式

$$XYZ = XZ - ZX$$
$$YZX = YX - XY$$
$$ZXY = ZY - YZ$$

等价.

Titu Andreescu – Gazeta Matematică Contest* 1985

118. 设实数 p, q 满足 $x^2 + px + q = 0$ 无实数根. 证明：若 n 是正奇数，则

$$X^2 + pX + qI_n \neq 0_n$$

对任意 $n \times n$ 实矩阵 X 成立.

Titu Andreescu, I.D. Ion – 罗马尼亚数学奥林匹克

119. 设 A 为 $n \times n$ 矩阵，满足 $A^7 = I_n$. 证明：$A^2 - A + I_n$ 是可逆矩阵，并求出它的逆矩阵.

Titu Andreescu – 数学反思 U453

120. 设 A 为 n 阶方阵，并且存在正整数 k，使得 $kA^{k+1} = (k+1)A^k$. 证明：$A - I_n$ 可逆并求出它的逆矩阵.

Titu Andreescu – 数学反思 U29

---

*是罗马尼亚的一个数学杂志. ——译者注

奖 励 问 题

121. 设素数 p 模 7 余 2. 求方程组

$$\begin{cases} 7(x+y+z)(xy+yz+zx) = p(2p^2-1) \\ 70xyz + 21(x-y)(y-z)(z-x) = 2p(p^2-4) \end{cases}$$

的非负整数解.

Titu Andreescu – 数学反思 S339

122. 设 (a,b,c,d,e,f) 为正实数的 6 元组,满足方程组

$$\begin{cases} 2a^2 - 6b^2 - 7c^2 + 9d^2 = -1 \\ 9a^2 + 7b^2 + 6c^2 + 2d^2 = e \\ 9a^2 - 7b^2 - 6c^2 + 2d^2 = f \\ 2a^2 + 6b^2 + 7c^2 + 9d^2 = ef \end{cases}$$

证明:$a^2 - b^2 - c^2 + d^2 = 0$ 当且仅当 $7 \cdot \dfrac{a}{b} = \dfrac{c}{d}$.

Titu Andreescu – 数学反思 S211

123. 求所有的整数 $n \geqslant 3$,使得对于任意 n 个正实数 $a_1, a_2, \cdots, a_n$,若它们满足

$$\max\{a_1, a_2, \cdots, a_n\} \leqslant n \cdot \min\{a_1, a_2, \cdots, a_n\}$$

则其中存在三个数,可以构成一个锐角三角形三边的边长.

Titu Andreescu – *USAMO* 2012

124. 一台计算机随机地将数字 1 到 64 分别填入 8×8 的表格,然后又重复填了一次. 设 n_k 为第一次填入 k 的方格中第二次填的数. 已知 $n_{17} = 18$,求

$$|n_1 - 1| + |n_2 - 2| + \cdots + |n_{64} - 64| = 2\,018$$

的概率.

Titu Andreescu – 数学反思 O450

125. 求所有的整系数多项式 $P(x)$,对所有实数 x,满足

$$P(P'(x)) = P'(P(x))$$

Titu Andreescu – 蒂米什瓦拉数学杂志 3902

126. 设 a, b, c 是正实数. 证明:

$$\frac{1}{a+b+\frac{1}{abc}+1} + \frac{1}{b+c+\frac{1}{abc}+1} + \frac{1}{c+a+\frac{1}{abc}+1} \leqslant \frac{a+b+c}{a+b+c+1}$$

Titu Andreescu – 数学反思 O193

127. 设整数数列 $1 < n_1 < n_2 < \cdots < n_k < \cdots$ 中任意两数不相邻. 证明:对所有正整数 m,在 $n_1 + n_2 + \cdots + n_m$ 和 $n_1 + n_2 + \cdots + n_{m+1}$ 之间存在完全平方数.

Titu Andreescu – Gazeta Matematică, Problem O:113

128. 设实数 a, b, c, d 满足 $a+b+c+d = 2$. 证明:

$$\frac{a}{a^2-a+1} + \frac{b}{b^2-b+1} + \frac{c}{c^2-c+1} + \frac{d}{d^2-d+1} \leqslant \frac{8}{3}$$

Titu Andreescu – 数学反思 O231

129. 设奇数 n 不小于 5. 证明:

$$\binom{n}{1} - 5\binom{n}{2} + 5^2\binom{n}{3} - \cdots + 5^{n-1}\binom{n}{n}$$

不是素数.

Titu Andreescu – 韩国数学奥林匹克 2001

130. 求所有的非负整数对 (x, y),使得 $x^2 + 3y$ 和 $y^2 + 3x$ 都是完全平方数.

Titu Andreescu

131. 设 $n > 1$ 是整数. 证明:不存在无理数 a,使得

$$\sqrt[n]{a + \sqrt{a^2-1}} + \sqrt[n]{a - \sqrt{a^2-1}}$$

是有理数.

Titu Andreescu – 罗马尼亚国家队选拔考试 1977

132. 设正实数 a, b, c 满足

$$a + b + c \geqslant abc$$

证明: 不等式

$$\frac{2}{a} + \frac{3}{b} + \frac{6}{c} \geqslant 6, \quad \frac{2}{b} + \frac{3}{c} + \frac{6}{a} \geqslant 6, \quad \frac{2}{c} + \frac{3}{a} + \frac{6}{b} \geqslant 6$$

中至少有两个成立.

Titu Andreescu – USA 国家队选拔考试 2001

133. 求实数 $a, b, c, d, e \in [-2, 2]$, 满足

$$\begin{cases} a + b + c + d + e = 0 \\ a^3 + b^3 + c^3 + d^3 + e^3 = 0 \\ a^5 + b^5 + c^5 + d^5 + e^5 = 10 \end{cases}$$

Titu Andreescu – 罗马尼亚数学奥林匹克 2002

134. 设 p 为奇素数. 定义数列 (a_n) 如下: $a_0 = 0, a_1 = 1, \cdots, a_{p-2} = p - 2$, 对所有 $n \geqslant p - 1, a_n > a_{n-1}$, 且 a_n 是与前面任何项不构成长度为 p 的等差数列的最小的正整数. 证明: 对所有 n, a_n 可以如下得到: 将 n 在 $p - 1$ 进制中写出, 然后看成 p 的数.

Titu Andreescu – USAMO 1995

135. 证明: 对任意正整数 $n, 3^{3^n} + 1$ 可以写成至少 $2n + 1$ 个素数 *(不要求不同)* 的乘积.

Titu Andreescu

136. 设 $g : \mathbb{N} \to \mathbb{N}$ 是一个一一映射, 满足 $\mathbb{N} \setminus g(\mathbb{N})$ 为无限集. 是否对任意正整数 $n \geqslant 2$, 存在 g 的 n 次函数根, 即函数 $f : \mathbb{N} \to \mathbb{N}$, 满足

$$f \circ \cdots \circ f = g$$

其中 f 出现 n 次?

Titu Andreescu, Marian Tetiva – 数学反思 U495

137. 设正整数的数列 $(a_n), (b_n), (c_n)$ 满足 $a_0 = 1, b_0 = c_0 = 0$ 以及

$$\left(1 + \sqrt[3]{2} + \sqrt[3]{4}\right)^n = a_n + b_n \sqrt[3]{2} + c_n \sqrt[3]{4}, n \geqslant 1$$

证明：

$$2^{-\frac{n}{3}} \sum_{k=0}^{n} \binom{n}{k} a_k = \begin{cases} a_n, n \equiv 0 \pmod{3} \\ b_n \sqrt[3]{2}, n \equiv 2 \pmod{3} \\ c_n \sqrt[3]{4}, n \equiv 1 \pmod{3} \end{cases}$$

并求出关于 (b_n) 和 (c_n) 的类似的关系式.

Titu Andreescu, Dorin Andrica – 蒂米什瓦拉数学杂志 C6:3

138. 设 n 是正整数, N_k 是集合 $\{1, 2, \cdots, n\}$ 中 k 项递增等差数列的个数. 证明：

$$N_k \leqslant -\frac{1}{2}q^2 + \left(n + \frac{1}{2}\right)q + 1 - k$$

其中 $q = \left[\dfrac{n-1}{k-1}\right]$.

Titu Andreescu, Dorin Andrica – 蒂米什瓦拉数学杂志 C4:2

139. (1) 设 a, c 为非负实数, $f : [a, b] \to [c, d]$ 为单调递增的双射函数. 证明：

$$\sum_{a \leqslant k \leqslant b} [f(k)] + \sum_{c \leqslant k \leqslant d} [f^{-1}(k)] - n(G_f) = [b][d] - \alpha(a)\alpha(c)$$

其中 k 是整数, $n(G_f)$ 为 f 的图像上的非负整数坐标的点的个数, $\alpha : \mathbb{R} \to \mathbb{Z}$ 定义为

$$\alpha(x) = \begin{cases} [x], x \in \mathbb{R} \setminus \mathbb{Z} \\ x - 1, x \in \mathbb{Z} \end{cases}$$

(2) 计算

$$S_n = \sum_{k=1}^{\frac{n(n+1)}{2}} \left[\frac{-1 + \sqrt{1 + 8k}}{2}\right]$$

Titu Andreescu and Dorin Andrica - Asupra unor clase de identităţi, Gazeta Matematică, No. 11(1978), pp.472-475

140. (1) 设 a,c 为非负实数, $f:[a,b] \to [c,d]$ 为单调递减的双射函数. 证明:

$$\sum_{a \leqslant k \leqslant b} [f(k)] - \sum_{c \leqslant k \leqslant d} [f^{-1}(k)] = [b]\alpha(c) - [d]\alpha(a)$$

其中 k 是整数, $\alpha: \mathbb{R} \to \mathbb{Z}$ 定义为

$$\alpha(x) = \begin{cases} [x], & x \in \mathbb{R} \setminus \mathbb{Z} \\ x-1, & x \in \mathbb{Z} \end{cases}$$

(2) 证明:

$$\sum_{k=1}^{n} \left[\frac{n^2}{k^2}\right] = \sum_{k=1}^{n^2} \left[\frac{n}{\sqrt{k}}\right]$$

对所有整数 $n \geqslant 1$ 成立.

Titu Andreescu, Dorin Andrica – Gazeta Matematică, Problem O:48

解　答

二 次 方 程

1. 求所有的实数对 (a,b),使得方程 $x^2 + ax + b = 0$ 的根是 $3a$ 和 $3b$.

Adrian Andreescu

解 根据韦达定理,有 $3a + 3b = -a$ 和 $3a \cdot 3b = b$,于是有 $a = -\dfrac{3b}{4}$ 和 $-\dfrac{27b^2}{4} = b$.

从后一个方程可以得到 $b = 0$ 或者 $b = -\dfrac{4}{27}$. 因此根据 $a = -\dfrac{3b}{4}$,得到实数对

$(a,b) = (0,0)$ 和 $\left(\dfrac{1}{9}, -\dfrac{4}{27}\right)$. □

2. 设实数 p 和 q 使得方程 $x^2 + px + q = 0$ 的一个根是另一个根的平方. 证明: $p \leqslant \dfrac{1}{4}$ 并且

$$p^3 - 3pq + q^2 + q = 0$$

Adrian Andreescu – 数学反思 J464

证明 设 a 和 a^2 是方程

$$x^2 + px + q = 0$$

的两个根. 根据韦达定理,有

$$\begin{cases} a + a^2 = -p \\ a \cdot a^2 = q \end{cases} \Leftrightarrow \begin{cases} p = -(a + a^2) \\ q = a^3 \end{cases}$$

因此有

$$p \leqslant \frac{1}{4} \Leftrightarrow -(a + a^2) \leqslant \frac{1}{4} \Leftrightarrow \left(a + \frac{1}{2}\right)^2 \geqslant 0$$

和

$$\begin{aligned} p^3 - 3pq + q^2 + q &= -(a + a^2)^3 + 3(a + a^2)a^3 + a^6 + a^3 \\ &= -a^6 - 3a^5 - 3a^4 - a^3 + 3a^5 + 3a^4 + a^6 + a^3 \\ &= 0 \end{aligned}$$

□

3. 设 a 和 b 是实数. 证明: 下面的方程

$$x^2 + ax + b = 0, \quad x^2 + bx + a = 0, \quad x^2 + (ab+8)x + a^3 + b^3 + 16 = 0$$

中至少有一个有实数根.

Adrian Andreescu

证明 设 $\Delta_1, \Delta_2, \Delta_3$ 分别是三个方程的判别式. 则有

$$\begin{aligned}
\Delta_1 \cdot \Delta_2 &= (a^2 - 4b)(b^2 - 4a)\\
&= a^2 b^2 + 16ab - 4a^3 - 4b^3\\
&= (ab+8)^2 - 4(a^3 + b^3 + 16)\\
&= \Delta_3
\end{aligned}$$

因此 $\Delta_1, \Delta_2, \Delta_3$ 不能都是负数, 于是得到结论. □

4. (1) 证明: 对于任意实数 a, b, c, 有

$$a^2 + \left(2 - \sqrt{2}\right)b^2 + c^2 \geqslant \sqrt{2}(ab - bc + ca)$$

(2) 求最小的常数 k, 使得对于所有的实数 a, b, c, 均有

$$a^2 + kb^2 + c^2 \geqslant \sqrt{2}(ab + bc + ca)$$

Titu Andreescu – 数学反思 J423

证明 (1) 不等式为

$$\left(2 - \sqrt{2}\right)b^2 - \sqrt{2}(a - c)b + a^2 + c^2 - \sqrt{2}ca \geqslant 0$$

左端可以看成关于 b 的二次方程. 显然, 首项系数为正的, 因此只需证明判别式 Δ 非正, 计算得到

$$\begin{aligned}
&\Delta = 2(a - c)^2 - 4\left(2 - \sqrt{2}\right)\left(a^2 + c^2 - \sqrt{2}ac\right) \leqslant 0\\
&\Leftrightarrow \left(6 - 4\sqrt{2}\right)a^2 + \left(6 - 4\sqrt{2}\right)c^2 + \left(12 - 8\sqrt{2}\right)ac \geqslant 0\\
&\Leftrightarrow (a + c)^2 \geqslant 0
\end{aligned}$$

(2) 我们将通过配方法证明 $k = 2 + \sqrt{2}$. 要证明的不等式等价于

$$\frac{\sqrt{2}}{2}(a - c)^2 + \frac{\sqrt{2} - 1}{\sqrt{2}}\left(a - \left(1 + \sqrt{2}\right)b\right)^2 + \frac{\sqrt{2} - 1}{\sqrt{2}}\left(c - \left(1 + \sqrt{2}\right)b\right)^2$$
$$+ \left(k - \left(2 + \sqrt{2}\right)\right)b^2 \geqslant 0$$

显然成立. 要说明常数 $k = 2 + \sqrt{2}$ 最小, 只需代入 $b = 1$ 和 $a = c = 1 + \sqrt{2}$. □

5. 设正实数 a 和 b 均小于 2,并且满足 $ab = 2$. 求方程

$$4(x^2 + ax + b)(x^2 + bx + a) + a^3 + b^3 = 9$$

的实数解.

Adrian Andreescu – 数学反思 S547

解 我们有

$$x^2 + ax + b = \left(x + \frac{a}{2}\right)^2 + \frac{-\Delta_1}{4}$$

其中 $\dfrac{-\Delta_1}{4} = \dfrac{4b - a^2}{4} = \dfrac{8 - a^3}{4a} > 0$. 类似地,有

$$x^2 + bx + a = \left(x + \frac{b}{2}\right)^2 + \frac{-\Delta_2}{4}$$

其中 $\dfrac{-\Delta_2}{4} = \dfrac{4a - b^2}{4} = \dfrac{8 - b^3}{4b} > 0$. 因此

$$
\begin{aligned}
4(x^2 + ax + b)(x^2 + bx + a) + a^3 + b^3 &\geqslant \frac{4(8 - a^3)}{4a} \cdot \frac{8 - b^3}{4b} + a^3 + b^3 \\
&= \frac{64 - 8a^3 - 8b^3 + 8}{8} + a^3 + b^3 \\
&= 9
\end{aligned}
$$

当且仅当 $x + \dfrac{a}{2} = x + \dfrac{b}{2} = 0$ 时等号成立. 因此当且仅当 $a = b = \sqrt{2}$ 时方程有实数解,此时唯一的实数解为 $x = -\dfrac{\sqrt{2}}{2}$. $\quad\square$

6. 设 $f(x) = ax^2 + bx + c$, 其中 a, b, c 是实数, 满足 $a > 0$, $ab \geqslant \dfrac{1}{8}$. 证明: $f(b^2 - 4ac) \geqslant 0$.

Titu Andreescu – 罗马尼亚数学奥林匹克 1989

证明 设 $\Delta = b^2 - 4ac$. 若 $\Delta \leqslant 0$,则有 $f(x) \geqslant 0$ 对所有 $x \in \mathbb{R}$ 成立 (因为我们假设 $a > 0$),所以 $f(\Delta) \geqslant 0$. 如果 $\Delta > 0$,设 $x_1 < x_2$ 是方程 $f(x) = 0$ 的两个根,那么不等式 $f(\Delta) \geqslant 0$ 等价于 (由于 $a > 0$)

$$(\Delta - x_1)(\Delta - x_2) \geqslant 0$$

现在只需证明

$$\Delta \geqslant x_2 = \frac{-b + \sqrt{\Delta}}{2a}$$

根据均值不等式,有

$$\Delta + \frac{b}{2a} \geqslant 2\sqrt{\Delta \cdot \frac{b}{2a}}$$

根据题目假设,上式右边的量大于或等于

$$2\sqrt{\Delta \cdot \frac{1}{16a^2}} = \frac{\sqrt{\Delta}}{2a}$$

因此有

$$\Delta + \frac{b}{2a} \geqslant \frac{\sqrt{\Delta}}{2a}$$

于是 $\Delta \geqslant x_2$. □

7. 设 $f(x) = ax^2 + bx + c$,其中 $a < 0 < b, b\sqrt[3]{c} \geqslant \frac{3}{8}$. 证明:

$$f\left(\frac{1}{\Delta^2}\right) \geqslant 0, \Delta = b^2 - 4ac$$

Titu Andreescu – 数学反思 U471

证明　由于 b, c 和 Δ^2 都是正数,因此只需证明

$$a + b(\Delta^2) + c(\Delta^2)^2 \geqslant 0$$

设

$$g(x) = cx^2 + bx + a$$

于是 $g(x)$ 有相同的判别式 Δ,设它的根为 x_1 和 $x_2, x_1 \leqslant x_2$. 现在只需证明

$$\Delta^2 \geqslant x_2 = \frac{-b + \sqrt{\Delta}}{2c}$$

这个不等式可以改写为

$$\Delta^2 + \frac{b}{6c} + \frac{b}{6c} + \frac{b}{6c} \geqslant \frac{\sqrt{\Delta}}{2c}$$

然后可以从均值不等式以及条件 $b\sqrt[3]{c} \geqslant \frac{3}{8}$ 得到欲证的结论. □

8. 设 a, b, c, d 是正实数. 证明:

$$3(a^2 - ab + b^2)(c^2 - cd + d^2) \geqslant 2(a^2c^2 - abcd + b^2d^2)$$

Titu Andreescu – 数学反思 S23

证明 注意到

$$(a^2c^2 - abcd + b^2d^2) - (a^2 - ab + b^2)(c^2 - cd + d^2) = (ad + bc)(a - b)(c - d)$$

因此不等式等价于

$$(a^2 - ab + b^2)(c^2 - cd + d^2) \geqslant 2(ad + bc)(a - b)(c - d)$$

如果 $a = 0$，那么不等式化归为 $b^2(3c^2 - 3cd + d^2) \geqslant 0$，显然成立. 类似地，如果 $c = 0$，那么不等式也成立. 现在我们可以假设 $a \neq 0$ 以及 $c \neq 0$. 将上述不等式两边除以 a^2c^2，然后代换 $x = \dfrac{b}{a}, y = \dfrac{d}{c}$，化归为

$$(x^2 - x + 1)(y^2 - y + 1) \geqslant 2(x + y)(x - 1)(y - 1)$$

这等价于

$$(y^2 - 3y + 3)x^2 - (3y^2 - 5y + 3)x + 3y^2 - 3y + 1 \geqslant 0$$

上式左端为 x 的二次函数，其判别式为

$$\begin{aligned}\Delta &= (3y^2 - 5y + 3)^2 - 4(y^2 - 3y + 3)(3y^2 - 3y + 1) \\ &= -3y^4 + 18y^3 - 33y^2 + 18y - 3 \\ &= -3(y^2 - 3y + 1)^2 \leqslant 0\end{aligned}$$

因此

$$(y^2 - 3y + 3)x^2 - (3y^2 - 5y + 3)x + 3y^2 - 3y + 1 \geqslant 0$$

证明了原始的不等式. 等号成立当且仅当

$$a = \frac{3 + \sqrt{5}}{2}b, \, c = \frac{3 + \sqrt{5}}{2}d \quad \text{或者} \quad b = \frac{3 + \sqrt{5}}{2}a, \, d = \frac{3 + \sqrt{5}}{2}c$$

$\square$

9. 设正实数 a, b, c 满足 $a + b + c = 1$. 证明：对于任意正实数 t，有

$$(at^2 + bt + c)(bt^2 + ct + a)(ct^2 + at + b) \geqslant t^3$$

Titu Andreescu – 数学反思 S319

证法一 根据赫尔德不等式,有

$$
(at^2 + bt + c)(bt^2 + ct + a)(ct^2 + at + b)
$$
$$
= (at^2 + bt + c)(a + bt^2 + ct)(at + b + ct^2)
$$
$$
\geqslant (at + bt + ct)^3 = t^3
$$

$\square$

证法二 经过代数变形,不等式变成

$$
abc(t^6 + 1) + (a^2b + b^2c + c^2a)(t^5 + 2t^2) + (ab^2 + bc^2 + ca^2)(2t^4 + t)
$$
$$
+ (a^3 + b^3 + c^3 + 4abc)t^3 \geqslant t^3
$$

现在,根据均值不等式,有

$$
t^6 + 1 \geqslant 2t^3, \; t^5 + 2t^2 \geqslant 3t^3, \; 2t^4 + t \geqslant 3t^3
$$

当且仅当 $t = 1$ 时等号成立. 因此只需证明

$$
2abc + 3(a^2b + b^2c + c^2a) + 3(ab^2 + bc^2 + ca^2) + (a^3 + b^3 + c^3 + 4abc) \geqslant 1
$$

显然等号总是成立,因为左端就是 $(a + b + c)^3 = 1^3$. 这样就证明了结论,当且仅当 $t = 1$ 时等号成立. $\square$

10. 证明:对所有实数 a, b, c,有不等式

$$
3(a^2 - ab + b^2)(b^2 - bc + c^2)(c^2 - ca + a^2) \geqslant a^3b^3 + b^3c^3 + c^3a^3
$$

Titu Andreescu – 数学反思 S29

证明 我们先证明下面的引理:

引理 对任意实数 x, y,有

$$
3(x^2 - xy + y^2)^3 \geqslant x^6 + x^3y^3 + y^6
$$

引理的证明 设 $s = x + y, p = xy$. 于是有 $s^2 - 4p \geqslant 0$,

$$
3(x^2 - xy + y^2)^3 = 3(s^2 - 3p)^3 = 3((s^2 - 2p) - p)^3
$$
$$
= 3(s^2 - 2p)^3 - 9(s^2 - 2p)^2p + 9(s^2 - 2p)p^2 - 3p^3
$$

以及

$$x^6 + x^3y^3 + y^6 = (x^2 + y^2)((x^2 + y^2)^2 - 3x^2y^2) + x^3y^3$$
$$= (s^2 - 2p)((s^2 - 2p)^2 - 3p^2) + p^3$$
$$= (s^2 - 2p)^3 - 3(s^2 - 2p)p^2 + p^3$$

因此只需证明

$$2(s^2 - 2p)^3 - 9(s^2 - 2p)^2 p + 12(s^2 - 2p)p^2 - 4p^3 \geqslant 0$$

即

$$2(s^2 - 2p)^2(s^2 - 4p) - 5(s^2 - 2p)^2 p(s^2 - 4p) + 2p^2(s^2 - 4p) \geqslant 0$$

最后的不等式等价于

$$(s^2 - 4p)(2(s^2 - 2p)^2 - 5(s^2 - 2p)^2 p + 2p^2) \geqslant 0$$

即

$$(s^2 - 4p)(2(s^2 - 2p)(s^2 - 4p) - p(s^2 - 4p)) \geqslant 0$$

等价于 $(s^2 - 4p)^2(2s^2 - 5p) \geqslant 0$，显然成立. 引理证明完毕.

根据上述引理，有

$$3(a^2 - ab + b^2)(b^2 - bc + c^2)(c^2 - ac + a^2)$$
$$\geqslant (a^6 + a^3b^3 + b^6)^{\frac{1}{3}}(b^6 + b^3c^3 + c^6)^{\frac{1}{3}}(c^6 + c^3a^3 + a^6)^{\frac{1}{3}}$$
$$\geqslant a^3b^3 + b^3c^3 + c^3a^3$$

最后的不等式由赫尔德不等式得到，应用到

$$(a^3b^3, b^6, a^6), (b^6, b^3c^3, c^6), (a^6, c^6, a^3c^3)$$

□

41

方程的实数解

11. 求方程

$$(3x+1)(4x+1)(6x+1)(12x+1) = 5$$

的实数解.

Titu Andreescu – AwesomeMath 入学测试 2012

解法一 将方程改写为

$$(12x+4)(12x+3)(12x+2)(12x+1) = 120$$

然后设 $12x = t$，则有

$$(t+4)(t+1)(t+3)(t+2) = 120$$

化简为

$$\big((t^2+5t)+4\big)\big((t^2+5t)+6\big) = 120$$

因此

$$(t^2+5t)^2 + 10(t^2+5t) + 25 = 121$$

给出

$$\big((t^2+5t)+5\big)^2 = 11^2$$

由于 $t^2+5t+5 > -11$ 对所有实数 t 成立，我们得到 $t^2+5t+5 = 11$，因此 $(t+6)(t-1) = 0$. 所以得到方程的解为 $x = -\dfrac{6}{12} = -\dfrac{1}{2}$ 以及 $x = \dfrac{1}{12}$. $\qquad\square$

解法二 所给方程可以写成

$$(3x+1)(12x+1)(4x+1)(6x+1) = 5$$

即

$$(36x^2+15x+1)(24x^2+10x+1) = 5$$

设 $y = 12x^2 + 5x$. 于是方程变为 $(3y+1)(2y+1) = 5$,即

$$6y^2 + 5y - 4 = 0$$

求解一元二次方程,得到 $y_{1,2} = \dfrac{-5 \pm 11}{12}$,即 $y = -\dfrac{4}{3}$ 或 $y = \dfrac{1}{2}$. 然后有

$$12x^2 + 5x = -\frac{4}{3} \quad 或者 \quad 12x^2 + 5x = \frac{1}{2}$$

即

$$36x^2 + 15x + 4 = 0 \quad 或者 \quad 24x^2 + 10x - 1 = 0$$

第一个方程没有实数解,第二个方程的实数解为 $x = -\dfrac{1}{2}$ 以及 $x = \dfrac{1}{12}$.　□

12. 求方程

$$\left(x^2 - 2\sqrt{2}x\right)\left(x^2 - 2\right) = 2\,021$$

的实数解.

Adrian Andreescu – 数学反思 J553

解　方程可以改写为

$$x^4 - 2\sqrt{2}x^3 - 2x^2 + 4\sqrt{2}x + 4 = 2\,025$$

于是 $(x^2 - \sqrt{2}x - 2)^2 = 45^2$. 方程 $x^2 - \sqrt{2}x - 2 = -45$ 无实数解,而方程 $x^2 - \sqrt{2}x - 2 = 45$ 给出

$$x_{1,2} = \frac{1}{2}\left(\sqrt{2} \pm \sqrt{190}\right)$$

□

13. 求方程

$$x^4 + 2x^3 - 1\,850x^2 - 2x + 1 = 0$$

的实数解.

Adrian Andreescu

解法一　方程可以改写为

$$(x^2 + x - 1)^2 = 1\,849x^2$$

得出 $x^2 + x - 1 = 43x$ 或者 $x^2 + x - 1 = -43x$. 化简为 $x^2 - 42x - 1 = 0$ 和 $x^2 + 44x - 1 = 0$,分别得到解为

$$x_{1,2} = 21 \pm \sqrt{442},\ x_{3,4} = -22 \pm \sqrt{485}$$

□

解法二 我们看到 $x \neq 0$. 将两边除以 x^2 得到等价的方程

$$x^2 + \frac{1}{x^2} + 2\left(x - \frac{1}{x}\right) - 1\,850 = 0$$

利用代换 $x - \dfrac{1}{x} = y$,我们得到 $y^2 + 2 + 2y = 1\,850$,因此 $(y+1)^2 = 1\,849$. 解得 $y = 42$ 或者 $y = -44$,于是得到与解法一中相同的方程. □

14. 求所有的实数 a,使得方程

$$\left(\frac{x}{x-1}\right)^2 + \left(\frac{x}{x+1}\right)^2 = a$$

有四个实数根.

Adrian Andreescu – 数学反思 J471

解 显然有 $a \geqslant 0$. 配方得到

$$\left(\frac{x}{x-1} + \frac{x}{x+1}\right)^2 - \frac{2x^2}{x^2-1} = a$$

这可以改写为

$$\left(\frac{2x^2}{x^2-1}\right)^2 - \frac{2x^2}{x^2-1} = a$$

利用代换 $\dfrac{2x^2}{x^2-1} = t$,得到等价方程

$$t^2 - t + \frac{1}{4} = a + \frac{1}{4}$$

即

$$t - \frac{1}{2} = b \quad \text{或者} \quad t - \frac{1}{2} = -b$$

其中 $b = \sqrt{a + \dfrac{1}{4}}$. (注意到当 $b \neq 0$ 时,t 的这些值不同.) 在第一种情况下,我们有 $(2b-3)x^2 = 2b+1$,当 $b > \dfrac{3}{2}$ 时有两个实数根. 在二种情况下,我们有 $(2b+3)x^2 = 2b-1$,当 $b > \dfrac{1}{2}$ 时有两个实数根. 因此当且仅当 $b > \dfrac{3}{2}$ 时,我们得到四个不同的实数根. 这说明 $a + \dfrac{1}{4} > \dfrac{9}{4}$,因此答案为 $a > 2$. □

15. 证明:方程 $x^3 - 6x^2 + 3x - 2 = 0$ 有一个根具有形式 $\sqrt[3]{a} + \sqrt[3]{b} + \sqrt[3]{c}$,其中 a, b, c 是正整数.

Adrian Andreescu

证明 我们将证明 $x_0 = \sqrt[3]{3} + \sqrt[3]{8} + \sqrt[3]{9}$ 是这样的一个根. 实际上, 根据 $x_0 - 2 = \sqrt[3]{3} + \sqrt[3]{9}$, 我们得到

$$(x_0 - 2)^3 = 3 + 9 + 3\sqrt[3]{27}(x_0 - 2)$$

说明

$$x_0^3 - 6x_0^2 + 12x_0 - 8 = 12 + 9x_0 - 18$$

这化简为 $x_0^3 - 6x_0^2 + 3x_0 - 2 = 0$, 正如我们希望的. □

16. 方程

$$x^3 - \frac{1}{x} = 4$$

有两个实数根 x_1 和 x_2. 计算 $x_1^2 + x_2^2$.

Titu Andreescu

解 方程可以改写为 $x^4 = 4x + 1$. 两边同时加上 $2x^2 + 1$, 得到

$$(x^2 + 1)^2 = 2(x + 1)^2$$

因此 $x^2 + 1 = \sqrt{2}(x+1)$ 或者 $x^2 + 1 = -\sqrt{2}(x+1)$. 第一个方程 $x^2 - \sqrt{2}x + 1 - \sqrt{2} = 0$ 的判别式为正, 因此有实数解. 第二个方程 $x^2 + \sqrt{2}x + 1 + \sqrt{2} = 0$ 的判别式为负的, 所以没有实数解. 因此 $x_1 + x_2 = \sqrt{2}$ 并且 $x_1 x_2 = 1 - \sqrt{2}$, 于是有

$$x_1^2 + x_2^2 = (x_1 + x_2)^2 - 2x_1 x_2 = 2 - 2(1 - \sqrt{2}) = 2\sqrt{2}$$

□

17. 求方程

$$4x^3 + \frac{127}{x} = 2\,016$$

的实数解.

Adrian Andreescu – 数学反思 J391

解 方程等价于

$$4x^4 - 2\,016x + 127 = 0$$

注意到

$$4x^4 - 2\,016x + 127 = 4x^4 - 256x^2 + (2x^2 + 16x) + 127(2x^2 - 16x) + 127$$
$$= (2x^2 - 16x + 1)(2x^2 + 16x) + 127(2x^2 - 16x + 1)$$
$$= (2x^2 - 16x + 1)(2x^2 + 16x + 127)$$

因此所给方程变为

$$(2x^2 - 16x + 1)(2x^2 + 16x + 127) = 0$$

我们得到

$$x_{1,2} = \frac{8 \pm \sqrt{62}}{2}$$

$\square$

18. 求方程

$$\left(\frac{2}{x^2+1}\right)^2 - \left(\frac{1}{x^2-1}\right)^2 = \left(\frac{1}{2x}\right)^2$$

的实数解.

Titu Andreescu

解法一 两边乘以 $4x^2$,得到等价的方程

$$4\left(\frac{2x}{1+x^2}\right)^2 - \left(\frac{2x}{1-x^2}\right)^2 = 1$$

设 $x = \tan\dfrac{t}{2}, t \in (-\pi, \pi)$. 于是方程变为

$$4\sin^2 t - \tan^2 t = 1$$

可以进一步改写为 $4(1 - \cos^2 t) = \dfrac{1}{\cos^2 t}$,然后化简为

$$(2\cos^2 t - 1)^2 = 0$$

给出 $\cos^2 t = \dfrac{1}{2}$, 因此 $t = \pm\dfrac{\pi}{4}$ 或者 $t = \pm\dfrac{3\pi}{4}$. 于是 $x = \pm\tan\left(\dfrac{\pi}{8}\right)$ 或者 $x = \pm\tan\left(\dfrac{3\pi}{8}\right)$. 我们得到 x 的四个解: $1 - \sqrt{2}, -1 + \sqrt{2}, 1 + \sqrt{2}, -1 - \sqrt{2}.$ $\square$

解法二 将方程改写为

$$\left(\frac{1}{2x}\right)^2 + \left(\frac{1}{x^2-1}\right)^2 = \left(\frac{2}{x^2+1}\right)^2$$

等价于

$$\frac{(x^2-1)^2 + 4x^2}{4x^2(x^2-1)^2} = \left(\frac{2}{x^2+1}\right)^2$$

于是得到

$$\frac{(x^2+1)^2}{4x^2(x^2-1)^2} = \frac{4}{(x^2+1)^2}$$

进一步有

$$(x^2 + 1)^2 = 4x(x^2 - 1)$$

或者

$$(x^2 + 1)^2 = -4x(x^2 - 1)$$

因此 $(x^2 - 2x - 1)^2 = 0$ 或者 $(x^2 + 2x - 1)^2 = 0$，解得 $x_{1,2} = 1 \pm \sqrt{2}$ 和 $x_{3,4} = -1 \pm \sqrt{2}$. $\qquad\Box$

19. 求方程

$$(x^3 - 3x)^2 + (x^2 - 2)^2 = 4$$

的实数解.

Titu Andreescu – 数学反思 S553

解 显然，$x = 0$ 是一个二重根，因此方程至多有四个非零解. 我们首先在区间 $(-2, 2]$ 中找非零解. 设 $x = 2\cos t$，其中 $t \in [0, \pi] \setminus \left\{\dfrac{\pi}{2}\right\}$. 因为有

$$x^3 - 3x = 2(4\cos^3 t - 3\cos t) = 2\cos 3t$$

和

$$x^2 - 2 = 2(2\cos^2 t - 1) = 2\cos 2t$$

所以方程变为 $4\cos^2 3t + 4\cos^2 2t = 4$，可以进一步改写为

$$2(1 + \cos 6t + 1 + \cos 4t) = 4$$

于是 $\cos 6t + \cos 4t = 0$，即 $2\cos 5t \cos t = 0$，解得 $t = \dfrac{\pi}{10}, \dfrac{3\pi}{10}, \dfrac{7\pi}{10}, \dfrac{9\pi}{10}$. 我们得到了四个不同的解，因此这就是所有的解.

综上所述，所有的解为 $x = 0, 2\cos\dfrac{\pi}{10}, 2\cos\dfrac{3\pi}{10}, 2\cos\dfrac{7\pi}{10}, 2\cos\dfrac{9\pi}{10}$. $\qquad\Box$

20. 求方程

$$\frac{1}{2}\left(\frac{x^3}{y} + \frac{y^3}{x}\right) = 2 - \frac{1}{xy}$$

的实数解.

Adrian Andreescu

解 方程等价于

$$\frac{x^3}{y} + \frac{y^3}{x} = 4 - \frac{2}{xy}$$

可以进一步改写为

$$\frac{1}{4}\left(\frac{x^3}{y} + \frac{y^3}{x} + \frac{1}{xy} + \frac{1}{xy}\right) = 1$$

因此得到均值不等式等号成立的情况

$$\frac{a+b+c+d}{4} = \sqrt[4]{abcd}$$

其中 $a = \dfrac{x^3}{y}, b = \dfrac{y^3}{x}, c = \dfrac{1}{xy}, d = \dfrac{1}{xy}$. 于是 $a = b = c = d$,给出 $x = y = 1$. □

方程的整数解

21. *求方程*

$$2(6xy+5)^2 - 15(2x+2y)^2 = 2\,018$$

的正整数解.

Adrian Andreescu – 数学反思 J451

解 所给方程等价于

$$2(6xy+5)^2 - 60(x+y)^2 = 2\,018$$

即

$$(6xy+5)^2 - 30(x+y)^2 = 1\,009$$

展开得到

$$1\,009 = 36x^2y^2 + 25 - 30x^2 - 30y^2 = (6x^2-5)(6y^2-5)$$

由于 $1\,009$ 是素数, 而对于正整数 x, y, 有 $6x^2 - 5 > 0, 6y^2 - 5 > 0$, 我们只需考虑两种情况

$$\begin{cases} 6x^2 - 5 = 1 \\ 6y^2 - 5 = 1\,009 \end{cases} \quad \text{或者} \quad \begin{cases} 6x^2 - 5 = 1\,009 \\ 6y^2 - 5 = 1 \end{cases}$$

解这两个方程组得到

$$(x, y) = (1, 13), (13, 1) \qquad \square$$

22. *求方程*

$$xy + yz + zx - 5\sqrt{x^2+y^2+z^2} = 1$$

的正整数解.

Titu Andreescu – 数学反思 O247

解 显然有 $xy+yz+zx \geqslant 3$. 将方程改写为

$$(xy+yz+zx-1)^2 = 25(x^2+y^2+z^2)$$

我们记 $xy+yz+zx = 5t+1, t > 0$, 于是 $x^2+y^2+z^2 = t^2$. 然后有

$$(x+y+z)^2 = x^2+y^2+z^2+2(xy+yz+zx) = t^2+2(5t+1) = (t+5)^2-23$$

给出

$$(t+5-x-y-z)(t+5+x+y+z) = 23$$

由于 x, y, z, t 都是正整数且 23 是素数, 必然有

$$\begin{cases} t+5-x-y-z = 1 \\ t+5+x+y+z = 23 \end{cases}$$

两个方程相加, 得到 $t = 7$. 因此 $x+y+z = 11$ 并且 $xy+yz+zx = 36$. 不妨设 $x \leqslant y \leqslant z$. 显然 $x \leqslant 3$, 所以得到三种情况. 若 $x = 1$, 则 $y+z = 10, yz = 26$, 无整数解; 若 $x = 2$, 则 $y+z = 9, yz = 18$, 得到 $y = 3, z = 6$; 若 $x = 3$, 则 $y+z = 8$, $yz = 12$, 无整数解.

综上所述, 所有的正整数解为

$$(2,3,6), (2,6,3), (3,2,6), (3,6,2), (6,2,3), (6,3,2)$$

$\square$

23. 求所有的正整数组 (x,y,z), 满足方程

$$5(x^2+2y^2+z^2) = 2(5xy-yz+4zx)$$

并且 x, y, z 中至少有一个为素数.

Adrian Andreescu – 数学反思 J491

解法一 首先注意到

$$(x+y-2z)^2 + (2x-3y-z)^2 = 5x^2+10y^2+5z^2-10xy+2yz-8zx = 0$$

因此所有的解都满足 $x+y = 2z$ 和 $2x = 3y+z$, 于是 $5y = 3z$. 由于 y, z 都是正整数, 因此存在正整数 t 使得 $y = 3t, z = 5t$, 然后计算得到 $x = 7t$. 显然 t 必须为 1, 否则 x, y, z 都不是素数. 因此唯一的解是 $(x,y,z) = (7,3,5)$, 此时方程的两边均为 460.

$\square$

解法二　将所给方程写成关于 y 的二次方程

$$10y^2 - 2y(5x - z) + (5x^2 - 8xz + 5z^2) = 0$$

设 Δ 是这个方程的判别式,若上述方程有解,则需要

$$\begin{aligned}
\frac{\Delta}{4} &= (5x - z)^2 - 10(5x^2 - 8xz + 5z^2) \\
&= -25x^2 + 70xz - 49z^2 = -(5x - 7z)^2 \\
&\geqslant 0
\end{aligned}$$

于是必有 $5x = 7z, y = \dfrac{5x - z}{10} = \dfrac{6z}{10} = \dfrac{3z}{5}$. 因此 $z = 5, y = 3, x = 7$. $\qquad\square$

24. 求方程

$$\min\{x^4 + 8y, 8x + y^4\} = (x + y)^2$$

的正整数解.

Titu Andreescu – 数学反思 J503

解　由于我们可以交换 x, y 而不改变原题,因此不妨设 $8x + y^4 \leqslant x^4 + 8y$,于是

$$8x + y^4 = (x + y)^2 \implies (x + y - 4)^2 = y^4 - 8y + 16$$

因此,$y^4 - 8y + 16$ 是完全平方数. 若 $y \geqslant 3$,由于

$$2y^2 - 8y + 15 = 2(y - 1)(y - 3) + 9 > 0$$

因此

$$y^4 - 8y + 16 > \left(y^2 - 1\right)^2$$

然而 $8y - 16 > 0$,于是 $\left(y^2 - 1\right)^2 < y^4 - 8y + 16 < \left(y^2\right)^2$,原方程无解. 因此只需考虑 $y \in \{1, 2\}$. 若 $y = 1$,则有 $(x - 3)^2 = 9 = 3^2$,得到 $x = 0$,不是正整数;或者得到 $x = 6$,此时

$$x^4 + 8y > y^4 + 8x = 49 = (6 + 1)^2$$

所以 $(x, y) = (6, 1)$ 确实是一个解. 若 $y = 2$,则有 $(x - 2)^2 = 16 = 4^2$,给出 $x = -2$,不是正整数;或者得到 $x = 6$,此时

$$x^4 + 8y > y^4 + 8x = 64 = (6 + 2)^2$$

所以 $(x, y) = (6, 2)$ 也是一个解. 去掉前面所设的情况,得到所有解为

$$(x, y) = (6, 2), (6, 1), (1, 6), (2, 6)$$

$\square$

25. 求方程

$$x^3 - y^3 - 1 = (x + y - 1)^2$$

的整数解.

Adrian Andreescu – 数学反思 S445

解 注意到方程右边非负,因此有 $x^3 > y^3$. 于是 $d = x - y$ 是正整数,而 $s = x + y$ 是整数. 经过代数计算,可以把原方程改写为

$$4s^2 - 8s + 8 = 3ds^2 + d^3$$

现在注意到,若 $d \geqslant 3$,由于 s^2 是非负整数,则有

$$\begin{aligned} 4s^2 - 8s + 8 = 3ds^2 + d^3 &\geqslant 9s^2 + 27 \\ &= 4s^2 - 8s + 8 + 4(s+1)^2 + s^2 + 15 \\ &> 4s^2 - 8s + 8 \end{aligned}$$

矛盾. 因此必然有 $d \in \{1, 2\}$. 若 $d = 1$,则有

$$0 = s^2 - 8s + 7 = (s - 1)(s - 7)$$

得到解 $(x, y) = (1, 0)$ 和 $(x, y) = (4, 3)$,满足题目的方程. 若 $d = 2$,则有

$$0 = s^2 + 4s = s(s + 4)$$

解得 $(x, y) = (1, -1)$ 和 $(x, y) = (-1, -3)$,也满足题目的方程.

所有的整数解为 $(x, y) = (4, 3), (-1, -3), (1, 0), (1, -1)$. □

26. 求方程

$$(mn + 8)^3 + (m + n + 5)^3 = (m - 1)^2(n - 1)^2$$

的整数解.

Titu Andreescu – 数学反思 S498

解 利用代换 $mn + 8 = x$ 和 $-(m + n + 5) = y$,方程变为

$$x^3 - y^3 = (x + y - 2)^2$$

注意到方程右端为非负数,因此有 $x \geqslant y$. 若 $x = y$,则 $x + y = 2$,给出解 $(x, y) = (1, 1)$. 现在设 $x - y = d > 0$,于是

$$3dy^2 + 3d^2y + d^3 = (2y + d - 2)^2$$

得出

$$(3d-4)y^2 + (3d^2 - 4d + 8)y + (d^3 - d^2 + 4d - 4) = 0. \tag{1}$$

这是关于 y 的二次方程,其判别式为

$$\Delta = (3d^2 - 4d + 8)^2 - 4(3d-4)(d^3 - d^2 + 4d - 4) = -3d^4 + 4d^3 + 48d$$

我们需要 Δ 为完全平方数,所以首先需要 $\Delta \geqslant 0$,得出

$$(3d-4)d^2 \leqslant 48$$

因此有 $d < 4$,即 $d \in \{1, 2, 3\}$. 若 $d = 1$,则有 $\Delta = 49$,于是方程 (1) 变为

$$-y^2 + 7y = 0$$

解得 $(x, y) = (1, 0)$ 和 $(x, y) = (8, 7)$. 若 $d = 2$,则 $\Delta = 80$ 不是完全平方数. 若 $d = 3$,则 $\Delta = 9$,方程 (1) 变为

$$5y^2 + 23y + 26 = 0$$

解得 $(x, y) = (1, -2)$. 综上所述,所有的解为 $(x, y) = (1, 1), (1, 0), (8, 7), (1, -2)$. 重新用 m 和 n 表示,得到

$$(m, n) = (1, -7), (-7, 1), (0, -12), (-12, 0) \qquad \square$$

注 在上述的解答经过第一个代换后,我们还可以这样做:设 $x - y = a, x + y = b$,于是方程 $x^3 - y^3 = (x + y - 2)^2$ 变成

$$a(a^2 + 3b^2) = 4(b-2)^2$$

若 $a = 0$,则 $b = 2$. 若 $a = 1$,则 $b^2 - 16b + 15 = 0$,得到解 $b = 1$ 和 $b = 15$. 若 $a = 2$,则无解. 若 $a = 3$,则解得 $b = -1$. 最后,若 $a \geqslant 4$,则有

$$8(b^2 + 4) \geqslant 4(b-2)^2 = a(a^2 + 3b^2) \geqslant 4(16 + 3b^2)$$

矛盾.

27. 求方程

$$101x^3 - 2\,019xy + 101y^3 = 100$$

的正整数解.

Titu Andreescu – 数学反思 S503

解 首先注意到

$$101\left(x^3 + y^3 - 20xy - 1\right) + xy + 1 = 0$$

因此 101 整除 $xy + 1$，然后由于 $xy > 0$，因此必然有 $xy + 1 \geqslant 101$，于是 $xy \geqslant 100$. 进一步，有

$$1 \leqslant \frac{xy + 1}{101} = 1 + xy(20 - x - y) - (x + y)(x - y)^2 \leqslant 1 + xy(20 - x - y)$$

得到 $x + y \leqslant 20$. 现在 x, y 的算术平均值至多为 10，几何平均值至少为 10. 根据均值不等式，我们必然有 $x = y = 10$，这是方程的唯一正整数解. □

28. 求方程

$$(x^3 - 1)(y^3 - 1) = 3(x^2 y^2 + 2)$$

的整数解.

Titu Andreescu – 数学反思 O397

解法一 所给方程可以改写为

$$x^3 y^3 - (x^3 + y^3) - 3x^2 y^2 = 5$$

设 $s = x + y, t = xy$. 注意到

$$x^3 + y^3 = (x + y)^3 - 3xy(x + y) = s^3 - 3st$$

因此得到

$$(t^3 - s^3) - 3t(t - s) = 5$$

即

$$(t - s)(t^2 + ts + s^2 - 3t) = 5$$

我们得到四个方程组

$$\begin{cases} t - s = 1, \\ t^2 + ts + s^2 - 3t = 5 \end{cases}, \qquad \begin{cases} t - s = -1, \\ t^2 + ts + s^2 - 3t = -5 \end{cases}$$

以及

$$\begin{cases} t - s = 5, \\ t^2 + ts + s^2 - 3t = 1 \end{cases}, \qquad \begin{cases} t - s = -5, \\ t^2 + ts + s^2 - 3t = -1 \end{cases}$$

若 $t - s = \pm 1$，则 $t^2 - 2ts + s^2 = 1$，将这个方程从第二个方程中减去，得到 $3ts - 3t = 4$ 或者 $3ts - 3t = -6$. 第一个方程不可能成立，由第二个方程得出 $t(s - 1) = -2$. 所以有

$$(s, t) \in \{(-1, 1), (0, 2), (2, -2), (3, -1)\}$$

容易验证这些都不满足 $t - s = \pm 1$，所以此时没有解.

若 $t - s = \pm 5$，则 $t^2 - 2ts + s^2 = 25$，将这个方程从第二个方程中减去，得到 $3ts - 3t = -24$ 或者 $3ts - 3t = -26$. 后一个方程无解，由前一个方程得出 $t(s - 1) = -8$，解得

$$(s, t) \in \{(-7, 1), (-3, 2), (-1, 4), (0, 8), (2, -8), (3, -4), (5, -2), (9, -1)\}$$

由于 $t - s = \pm 5$，因此得到

$$(s, t) \in \{(-3, 2), (-1, 4)\}$$

由于 s 和 t 还满足 $s^2 - 4t = n^2$，其中 $n \in \mathbb{Z}$，因此得到 $(s, t) = (-3, 2)$. 最终 $x + y = -3$ 并且 $xy = 2$，解得

$$(x, y) \in \{(-1, -2), (-2, -1)\}$$

$\square$

解法二 所给方程等价于

$$x^3 y^3 - x^3 - y^3 - 3x^2 y^2 = 5. \tag{1}$$

将恒等式

$$a^3 + b^3 + c^3 - 3abc = (a + b + c)(a^2 + b^2 + c^2 - ab - bc - ca)$$

应用到方程 (1) 的左端，我们可以将原方程改写为

$$(xy - x - y)((xy)^2 + x^2 + y^2 + x^2 y - xy + xy^2) = 5$$

由于 5 是素数，因此有

$$xy - x - y = \pm 1 \quad \text{或者} \quad xy - x - y = \pm 5$$

若 $xy - x - y = 1$，则 $(x - 1)(y - 1) = 2$. 数对 (x, y) 有四种情况：$(2, 3)$，$(0, -1)$，$(3, 2)$，$(-1, 0)$. 验证这些都不是原方程的解.

若 $xy - x - y = -1$, 则 $(x-1)(y-1) = 0$. 于是原方程左端为零. 由于 $3(x^2y^2 + 2) > 0$, 因此 $(x-1)(y-1) = 0$ 不能给出原方程的解.

若 $xy - x - y = 5$, 则 $(x-1)(y-1) = 6$. 此时数对 (x, y) 有八种情况: $(2,7)$, $(0,-5)$, $(3,4)$, $(-1,-2)$, $(4,3)$, $(-2,-1)$, $(7,2)$, $(-5,0)$. 其中只有两对满足原方程: $(-1,-2)$ 和 $(-2,-1)$.

若 $xy - x - y = -5$, 则 $(x-1)(y-1) = -4$. 此时数对 (x, y) 有六种情况: $(2,-3)$, $(3,-1)$, $(5,0)$, $(0,5)$, $(-1,3)$, $(-3,2)$. 这些都不能给出原方程的解.

综上所述, 原方程有两个解: $(x, y) = (-1,-2), (-2,-1)$. $\square$

29. 求方程

$$x^2 + xy + y^2 = \left(\frac{x+y}{3} + 1\right)^3$$

的整数解.

Titu Andreescu – USAJMO 2015

解 我们首先注意到方程两边都必须为整数, 所以 $\frac{x+y}{3}$ 是一个整数. 记 $x + y = 3t$, 其中 t 是整数. 方程改写为

$$(3t)^2 - xy = (t+1)^3$$

$$9t^2 + x(x - 3t) = t^3 + 3t^2 + 3t + 1$$

$$4x^2 - 12xt + 9t^2 = 4t^3 - 15t^2 + 12t + 4$$

最后得到

$$(2x - 3t)^2 = (t-2)^2(4t+1)$$

因此 $4t + 1$ 是一个奇数的平方, 记为

$$4t + 1 = (2n+1)^2 = 4n^2 + 4n + 1$$

代入 $t = n^2 + n$, 我们得到

$$(2x - 3n^2 - 3n)^2 = \left((n^2 + n - 2)(2n + 1)\right)^2$$

$$2x - 3n^2 - 3n = \pm(2n^3 + 3n^2 - 3n - 2)$$

因此

$$x = n^3 + 3n^2 - 1 \quad \text{或者} \quad x = -n^3 + 3n + 1$$

我们得到解

$$(x, y) = (n^3 + 3n^2 - 1, -n^3 + 3n + 1), (-n^3 + 3n + 1, n^3 + 3n^2 - 1) \quad \square$$

30. 考虑方程

$$\left(3x^3 + xy^2\right)\left(x^2y + 3y^3\right) = (x-y)^7$$

(1) 证明：存在无穷多正整数的数对 (x, y) 满足方程.

(2) 描述方程的所有正整数解 (x, y).

Titu Andreescu – USAJMO 2017

证法一 将方程写为

$$x(3x^2 + y^2)y(x^2 + 3y^2) = (x-y)^7$$

这等价于

$$(x^3 + 3xy^2)(3x^2y + y^3) = (x-y)^7$$

设 $x^3 + 3xy^2 = a, 3x^2y + y^3 = b$，则有

$$a + b = (x+y)^3, \quad a - b = (x-y)^3 \tag{1}$$

方程变为

$$(ab)^3 = (a-b)^7$$

设 $d = \gcd(a,b)$，于是 $a = du, b = dv, u, v \in \mathbb{Z}^+$，满足

$$\gcd(u,v) = 1$$

得出

$$(uv)^3 = d(u-v)^7$$

由于 $\gcd(u,v) = 1$，故 $\gcd(u-v,u) = \gcd(u-v,v) = 1$，因此 $\gcd(u-v,uv) = 1$. 于是 $u - v = 1, d = (uv)^3$，然后有 $u = k+1, v = k, k \in \mathbb{Z}^+$. 因此 $a = (k+1)^4k^3$，$b = k^4(k+1)^3$，代入式 (1) 得到

$$(k(k+1))^3 = a - b = (x-y)^3$$

以及

$$[k(k+1)]^3(2k+1) = (x+y)^3$$

令 $2k+1 = n^3$，其中 $n > 1$ 为奇数，于是

$$x + y = nk(k+1), \quad x - y = k(k+1)$$

解得

$$x = (n+1)\frac{k(k+1)}{2}, \quad y = (n-1)\frac{k(k+1)}{2}$$

其中 $k = \dfrac{n^3 - 1}{2}$.

综上所述,方程的解为

$$x = \frac{(n+1)(n^6-1)}{8}, \quad y = \frac{(n-1)(n^6-1)}{8}$$

其中 n 为大于 1 的奇数. 最小的三组解为

$$(x,y) = (364, 182), (11\ 718, 7\ 812), (117\ 648, 88\ 236) \qquad \Box$$

证法二 我们有

$$(3x^3 + xy^2)(yx^2 + 3y^3) = (x-y)^7$$

可以进一步写成

$$xy(3x^2 + y^2)(x^2 + 3y^2) = (x-y)^7$$

现在我们想到变量替换. 如果用

$$a = x + y, \quad b = x - y$$

形式的变量进行替换,那么会有一些多余的 x 和 y 项需要处理. 注意到前面的项 xy,我们用 $x = a + b, y = a - b$ 形式的变量替换. 此时 a, b 或者都是整数,或者都是半整数,依赖于 $x + y$ 的奇偶性. 于是得到

$$(a^2 - b^2)(4a^2 + 4ab + 4b^2)(4a^2 - 4ab + 4b^2) = 128b^7$$

所以

$$(a^2 - b^2)(a^2 + ab + b^2)(a^2 - ab + b^2) = 8b^7$$

展开得到 $a^6 - b^6 = 8b^7$. 移项、提取公因式,得到

$$b^6(8b + 1) = a^6$$

由于 $8b + 1$ 是奇数,而这个方程表明它是某个整数的六次幂 (a, b 都是半整数时也成立),因此 $8b + 1$ 必须是某个奇数的六次幂. 任何奇数的六次幂都是奇完全平方数,必然模 8 余 1,因此 b 和 a 是整数. 反之,任何奇数的六次幂都给出一个解. 由于题目要求给出正整数解,而由 $8b + 1 = 1^6$ 得到 $(a, b) = (0, 0)$,不满足要求,因此我们取下一个奇数的六次幂,$8b + 1 = 3^6 = 729$. 此时得到 $b = 91$,左端为 $91^6 \cdot 3^6 = 273^6$,因此 $a = 273$. 所以 $(x, y) = (a + b, a - b) = (364, 182)$ 为一个解.

这样我们就得到了无穷多的正整数解 (a, b),然后得到正整数解 (x, y),证明了问题 (1) 部分.

要证问题 (2) 部分,我们考察得到解的原始方法. 设 a_n 和 b_n 表示第 n 个解. 由于大于 1 的第 n 个奇数为 $2n + 1$,因此

$$b_n = \frac{(2n + 1)^6 - 1}{8}$$

然后得到

$$a_n = (2n + 1)b_n = \frac{(2n + 1)^7 - (2n + 1)}{8}$$

利用原始的代换,得到

$$(x, y) = \left(\frac{(2n + 1)^7 + (2n + 1)^6 - 2n - 2}{8}, \frac{(2n + 1)^7 - (2n + 1)^6 - 2n}{8} \right)$$

即方程的所有正整数解的描述. □

证法三 首先我们证明如下的引理.

引理

$$\left(3x^3 + xy^2\right)\left(x^2y + 3y^3\right) = \frac{(x + y)^6 - (x - y)^6}{4}$$

引理的证明 展开原式右端并化简,得到

$$\frac{(x + y)^6 - (x - y)^6}{4} = \frac{12x^5y + 40x^3y^3 + 12xy^5}{4}$$
$$= 3x^5y + 10x^3y^3 + 3xy^5$$
$$= \left(3x^3 + xy^2\right)\left(x^2y + 3y^3\right)$$

这样就证明了引理.

现在我们有

$$\frac{(x + y)^6 - (x - y)^6}{4} = (x - y)^7$$

移项并去掉分母,得到

$$(x + y)^6 = 4(x - y)^7 + (x - y)^6$$

因式分解,得到

$$(x + y)^6 = (x - y)^6(4(x - y) + 1)$$

两边除以 $(x - y)^6$,得到

$$\left(\frac{x + y}{x - y}\right)^6 = 4x - 4y + 1$$

现在左端为有理数的六次幂,右端为整数,因此右端必然为整数的六次幂. 设

$$a = \frac{x+y}{x-y}$$

根据上面的方程,a 必然是奇数,并且 $a \geqslant 3$. 我们还有

$$a^6 = 4x - 4y + 1$$

现在将 x 和 y 用 a 表示,得到

$$x - y = \frac{a^6 - 1}{4}, \quad x + y = a(x - y) = \frac{a(a^6 - 1)}{4}$$

因此得到

$$(x, y) = \left(\frac{(a+1)(a^6 - 1)}{8}, \frac{(a-1)(a^6 - 1)}{8} \right)$$

对于所有的奇数 $a \geqslant 3$,这给出了方程的所有解,问题得证. $\qquad\square$

证法四 设 $d = \gcd(x, y)$,记 $x = da, y = db$,其中 $\gcd(a, b) = 1$. 显然有 $x > y$,于是 $a > b$. 代入到原方程,化简得到

$$d = \frac{ab(a^2 + 3b^2)(3a^2 + b^2)}{(a - b)^7}$$

由于 d 是整数,因此有

$$(a - b)^7 \mid ab(a^2 + 3b^2)(3a^2 + b^2) \tag{2}$$

1. 由于 $\gcd(a, b) = 1$,故 a 和 b 不能同时为偶数.

2. 如果 a 和 b 都是奇数,那么 $a - b$ 是偶数. 表达式 (2) 的左端至少有 2 的七次幂为因子,而对右端每一项分别进行考察,可以得到

$$a \equiv b \equiv 1 \pmod{2}, \quad a^2 + 3b^2 \equiv 4 \pmod{8}, \quad 3a^2 + b^2 \equiv 4 \pmod{8}$$

因此式 (2) 的右端至多被 2 的四次幂整除,矛盾.

3. $a - b$ 是奇数. 我们想要证明 $a - b = 1$. 首先,根据

$$a \equiv b \pmod{a - b}$$

得到

$$ab(a^2 + 3b^2)(3a^2 + b^2) \equiv 16a^6 \pmod{a - b}$$

因此 $a-b \mid 16a^6$. 由于 $a-b$ 是奇数,因此 $\gcd(16, a-b) = 1$. 因为 $\gcd(a, a-b) = 1$, 所以 $\gcd(a^6, a-b) = 1$, 于是得到 $a-b=1$. 反之,如果记 $a-b=1$,那么我们可以通过式 (2) 来定义整数 d,得到一个解. 如果记 $a = b+1$,那么我们得到

$$x = b(b+1)^2(4b^2 + 2b + 1)(4b^2 + 6b + 3)$$

$$y = b^2(b+1)(4b^2 + 2b + 1)(4b^2 + 6b + 3)$$

这样就完成了证明. □

代 数 方 程

31. 求方程

$$\sqrt{1\,019 - x} - \sqrt[3]{2\,019 + x} = 16$$

的实数解.

Titu Andreescu – AwesomeMath 入学测试 2019

解 设 $u = \sqrt{1\,019 - x}, v = \sqrt[3]{2\,019 + x}$. 于是 $u - v = 16, u^2 + v^3 = 3\,038$,然后得到

$$(16 + v)^2 + v^3 = 3\,038 \implies v^3 + v^2 + 32v - 2\,782 = 0$$

分解因式为

$$(v - 13)(v^2 + 14v + 214) = 0$$

其中的二次因子没有实数根,于是 $v = 13$,从而得到 $u = 29$,从方程

$$\sqrt{1\,019 - x} = 29, \quad \sqrt[3]{2\,019 + x} = 13$$

解得 $x = 178$. $\qquad\qquad\square$

32. 求方程

$$\sqrt{2\,020 + \sqrt{x}} - x = 20$$

的正实数解.

Titu Andreescu – AwesomeMath 入学测试 2020

解 我们有 $\sqrt{2\,020 + \sqrt{x}} = x + 20$,两边平方得到

$$2\,020 + \sqrt{x} = x^2 + 40x + 400$$

设 $\sqrt{x} = y$,得到 $y^4 + 40y^2 - y - 1\,620 = 0$. 验证 $1\,620 = 2^2 \cdot 3^4 \cdot 5$ 的因子,得到 $y = 5$ 满足方程. 因式分解后得到

$$(y - 5)(y^3 + 5y^2 + 65y + 324) = 0$$

由于 y 非负,因此唯一的解是 $y = 5$. 所以 $x = y^2 = 25$ 是原方程的解. □

33. 求方程

$$\sqrt[3]{x^3 + 3x^2 - 4} - x = \sqrt[3]{x^3 - 3x + 2} - 1$$

的实数解.

Adrian Andreescu – 数学反思 S463

解 首先,将方程改写为

$$(x - 1) = \sqrt[3]{(x-1)(x+2)^2} - \sqrt[3]{(x-1)^2(x+2)}$$

然后利用代换 $u = \sqrt[3]{\dfrac{x-1}{x+2}}$($x = -2$ 显然不是解,因此 $x + 2 \neq 0$),可以得到 $u^3 = u - u^2$,解得

$$u = 0, \ u = \frac{-1 + \sqrt{5}}{2}, \ u = \frac{-1 - \sqrt{5}}{2}$$

分别对应得到

$$x = 1, \ x = \frac{1 + 3\sqrt{5}}{4}, \ x = \frac{1 - 3\sqrt{5}}{4}$$

□

34. 求方程

$$\sqrt[3]{x + 2 + \sqrt{2}(x-1)} + \sqrt[3]{x + 2 - \sqrt{2}(x-1)} = \sqrt[3]{4x}$$

的实数解.

Titu Andreescu – AwesomeMath 入学测试 2014

解 利用恒等式

$$(a + b)^3 = a^3 + b^3 + 3ab(a + b)$$

得到

$$4x = x + 2 + (x-1)\sqrt{2} + x + 2 - (x-1)\sqrt{2} + 3\sqrt[3]{(x+2)^2 - 2(x-1)^2}\sqrt[3]{4x}$$

化简得到

$$2x - 4 = 3\sqrt[3]{(-x^2 + 8x + 2)(4x)}$$

两边立方得

$$\frac{(2x-4)^3}{4} = 27(-x^3 + 8x^2 + 2x)$$

整理得

$$29x^3 - 228x^2 - 30x - 16 = 0$$

先考虑有理数解 (其形式为 $\pm\dfrac{p}{q}$, 其中 p 整除 16, q 整除 29), 我们得到 $x = 8$ 是一个解. 然后将方程分解为

$$(x - 8)(29x^2 + 4x + 2) = 0$$

二次因子 $29x^2 + 4x + 2$ 没有实数根. 于是 $x = 8$ 是唯一的解. □

35. *求方程*

$$\sqrt{2x + 1} + \sqrt{6x + 1} = \sqrt{12x + 1} + 1$$

的实数解.

Titu Andreescu

解 如果 x 是一个解, 那么 $2x + 1, 6x + 1, 12x + 1$ 都是非负的. 注意到两边都是正的, 两边平方后得到等价的方程

$$2x + 1 + 6x + 1 + 2\sqrt{(2x+1)(6x+1)} = 12x + 1 + 1 + 2\sqrt{12x + 1}$$

整理方程, 并且除以 2, 得到等价方程

$$\sqrt{12x^2 + 8x + 1} = 2x + \sqrt{12x + 1}$$

再次两边平方, 得到

$$12x^2 + 8x + 1 = 4x^2 + 12x + 1 + 4x\sqrt{12x + 1}$$

化简为

$$2x^2 - x = x\sqrt{12x + 1}$$

给出一个解 $x = 0$. 假设 $x \neq 0$ 是一个解, 上面的方程两边除以 x 得到

$$2x - 1 = \sqrt{12x + 1}$$

两边平方得到

$$4x^2 - 4x + 1 = 12x + 1$$

等价于 $x^2 = 4x$, 给出解 $x = 4$(我们已经假设 $x \neq 0$). 容易验证, $x = 0$ 和 $x = 4$ 都是原方程的解. □

36. 求方程

$$x + \sqrt{(x+1)(x+2)} + \sqrt{(x+2)(x+3)} + \sqrt{(x+3)(x+1)} = 4$$

的所有解, 满足 $x \geqslant -1$.

Titu Andreescu

解 设 $f(x)$ 表示方程左边的表达式. 记

$$a = \sqrt{x+1} + \sqrt{x+2}, b = \sqrt{x+2} + \sqrt{x+3}$$

以及

$$c = \sqrt{x+3} + \sqrt{x+1}$$

于是我们得到关系式

$$\begin{cases} ab = f(x) + 2 = 6 \\ bc = f(x) + 3 = 7 \\ ca = f(x) + 1 = 5. \end{cases}$$

由于 $a^2b^2c^2 = (ab)(bc)(ca) = 210$, 因此有

$$a^2 = \frac{a^2b^2c^2}{(bc)^2} = \frac{30}{7}$$

类似地, 可得

$$b^2 = \frac{42}{5}, c^2 = \frac{35}{6}$$

解得

$$a = \frac{30}{\sqrt{210}}, b = \frac{42}{\sqrt{210}}, c = \frac{35}{\sqrt{210}}$$

然后

$$2\sqrt{x+1} = a + c - b = \frac{30 + 35 - 42}{\sqrt{210}} = \frac{23}{\sqrt{210}}$$

于是

$$x + 1 = \frac{529}{840}$$

然后得到 $x = -\dfrac{311}{840} > -1$. 代入方程计算得到

$$x + 1 = \frac{529}{840} = \frac{23^2}{840}, x + 2 = \frac{1\,369}{840} = \frac{37^2}{840}, x + 3 = \frac{2\,209}{840} = \frac{47^2}{840}$$

以及

$$-\frac{311}{840} + \frac{23 \cdot 37}{840} + \frac{37 \cdot 47}{840} + \frac{47 \cdot 23}{840} = 4$$

即此解满足原始方程. □

37. 求方程

$$\sqrt{x^4 - 4x} + \frac{1}{x^2} = 1$$

的正实数解.

Titu Andreescu – 数学反思 J407

解 所给方程等价于

$$x\sqrt{x^4 - 4x} = x - \frac{1}{x}$$

两边平方, 得到

$$x^6 - 4x^3 = x^2 - 2 + \frac{1}{x^2}$$

因此有

$$(x^3 - 2)^2 = \left(x + \frac{1}{x}\right)^2$$

由于 $x^3 > 4$, 因此

$$x^3 - 2 = x + \frac{1}{x}$$

得到 $x^4 - 2x = x^2 + 1$, $x^4 = (x+1)^2$, 即 $x^2 = x + 1$. 解得 $x = \dfrac{1 + \sqrt{5}}{2}$. $\square$

38. 求方程

$$\sqrt[3]{x} + \sqrt[3]{y} = \frac{1}{2} + \sqrt{x + y + \frac{1}{4}}$$

的实数解.

Adrian Andreescu – 数学反思 J375

解 设 $a = \sqrt[3]{x}, b = \sqrt[3]{y}$. 将 $\dfrac{1}{2}$ 移到左边, 然后两边平方, 得到

$$a^3 + b^3 = a^2 + b^2 + 2ab - a - b$$

等价于

$$(a + b)(a^2 + b^2 + 1 - a - b - ab) = 0$$

所以其中一个因子为零. 若 $a + b = 0$, 则原方程的左端为零, 而右端为正, 矛盾. 因此 $a^2 + b^2 + 1 = a + b + ab$. 配方得到

$$(a - 1)^2 + (b - 1)^2 + (a - b)^2 = 0$$

唯一的解是 $(a, b) = (1, 1)$, 于是 $(x, y) = (1, 1)$. $\square$

39. 求方程

$$2\sqrt{x-x^2} - \sqrt{1-x^2} + 2\sqrt{x+x^2} = 2x+1$$

的实数解.

Titu Andreescu – 数学反思 S409

解 首先,观察到必然有 $0 \leqslant x \leqslant 1$.

设 $a = \sqrt{1-x}, b = \sqrt{x}, c = \sqrt{1+x}$. 我们需要求解

$$2ab - ac + 2bc = \frac{a^2+4b^2+c^2}{2} \Leftrightarrow a^2+4b^2+c^2-4ab-4bc+2ac = 0$$

等价于

$$(2b-a-c)^2 = 0 \Leftrightarrow 2b-a-c = 0$$

将 a,b,c 的值代入,得到

$$2\sqrt{x} = \sqrt{1-x} + \sqrt{1+x}$$

两边平方,得到

$$4x = 2 + 2\sqrt{1-x^2} \Leftrightarrow 2x-1 = \sqrt{1-x^2}$$

再次两边平方,得到

$$5x^2 - 4x = 0 \Leftrightarrow x(5x-4) = 0 \Leftrightarrow x = 0, x = \frac{4}{5}$$

代入原始方程验证,可得 $x = \frac{4}{5}$ 是方程的唯一解. $\square$

40. 求方程

$$\sqrt{x + \sqrt{x + \sqrt{x + \sqrt{3x}}}} = 2x$$

的实数解.

Adrian Andreescu

解 首先验证方程是否有有理数解,得到 $x = \frac{3}{4}$. 下面我们证明这是唯一的解. 方程两边除以 x,得到等价的方程

$$\sqrt{\frac{1}{x} + \sqrt{\frac{1}{x^3} + \sqrt{\frac{1}{x^7} + \sqrt{\frac{3}{x^{15}}}}}} = 2$$

方程左端是关于 x 的减函数,因此其正数解是唯一的. $\square$

方 程 组

41. 求下列方程组的实数解：

$$\begin{cases} x^2 + 7 = 5y - 6z \\ y^2 + 7 = 10z + 3x \\ z^2 + 7 = -x + 3y \end{cases}$$

Adrian Andreescu

解 三个方程相加得到

$$x^2 + y^2 + z^2 + 21 = 2x + 8y + 4z$$

配方得到

$$(x-1)^2 + (y-4)^2 + (z-2)^2 = 0$$

根据平方和为零，推出每一项为零. 因此得到 $(x, y, z) = (1, 4, 2)$ 是唯一可能的解，
验证发现这确实是方程的解. □

42. 求下列方程组的实数解：

$$x(y + z - x^3) = y(z + x - y^3) = z(x + y - z^3) = 1$$

Titu Andreescu – 数学反思 J313

解 把方程写成

$$\begin{cases} y + z - x^3 = \dfrac{1}{x} \\ z + x - y^3 = \dfrac{1}{y} \\ x + y - z^3 = \dfrac{1}{z} \end{cases} \Leftrightarrow \begin{cases} y + z = \dfrac{1}{x} + x^3 \\ z + x = \dfrac{1}{y} + y^3 \\ x + y = \dfrac{1}{z} + z^3 \end{cases}$$

68

从第一个方程看出 $y+z$ 和 x 同号,因此还有一个变量和 x 同号. 类似地,对每一个其他变量,都有另一个变量与其同号,于是三个变量同号. 如果 (x,y,z) 是一个解,那么 $(-x,-y,-z)$ 也是方程的解. 因此我们不妨设三个变量都是正的.

利用均值不等式得到

$$\begin{cases} y+z = \dfrac{1}{x} + x^3 \geqslant 2\sqrt{x^3\dfrac{1}{x}} = 2x \\[3mm] z+x = \dfrac{1}{y} + y^3 \geqslant 2\sqrt{y^3\dfrac{1}{y}} = 2y \\[3mm] x+y = \dfrac{1}{z} + z^3 \geqslant 2\sqrt{z^3\dfrac{1}{z}} = 2z \end{cases}$$

将三个不等式相加得到

$$2x + 2y + 2z = \frac{1}{x} + x^3 + \frac{1}{y} + y^3 + \frac{1}{z} + z^3 \geqslant 2x + 2y + 2z$$

因此所有的不等式都成立等号,我们得到 $\dfrac{1}{x} + x^3 = 2x$,以及关于 y 和 z 的类似的方程. 方程等价于

$$x^4 - 2x^2 + 1 = 0 \iff (x^2-1)^2 = 0 \iff x = 1$$

因此方程组的唯一正数解为 $x = y = z = 1$,负数解为 $x = y = z = -1$. $\qquad\square$

43. 求三角形的三边长 a, b, c,满足方程组

$$\begin{cases} \dfrac{abc}{-a+b+c} = 40 \\[3mm] \dfrac{abc}{a-b+c} = 60 \\[3mm] \dfrac{abc}{a+b-c} = 120 \end{cases}$$

Titu Andreescu – AwesomeMath 入学测试 2012

解 对每个方程求倒数,得到方程组

$$\begin{cases} \dfrac{1}{ab} + \dfrac{1}{ca} - \dfrac{1}{bc} = \dfrac{1}{40} \\[3mm] \dfrac{1}{ab} - \dfrac{1}{ca} + \dfrac{1}{bc} = \dfrac{1}{60} \\[3mm] -\dfrac{1}{ab} + \dfrac{1}{ca} + \dfrac{1}{bc} = \dfrac{1}{120} \end{cases}$$

三个方程相加得到

$$\frac{1}{ab} + \frac{1}{ca} + \frac{1}{bc} = \frac{1}{20}$$

分别用这个方程减去三个方程, 得到

$$\frac{1}{bc} = \frac{1}{80}, \frac{1}{ca} = \frac{1}{60}, \frac{1}{ab} = \frac{1}{48}$$

因此 $ab = 48, bc = 80, ca = 60$. 三个方程相乘, 得到 $(abc)^2 = 230\,400, abc = 480$, 解得 $(a, b, c) = (6, 8, 10)$. □

44. 求所有的 5 元整数组 (v, w, x, y, z), 满足方程组

$$\begin{cases} x^2 + xy - 2yz + 3zx = 2\,020 \\ y^2 + yz - 2zx + 3xy = v \\ z^2 + zx - 2xy + 3yz = w \\ v + w = 5 \end{cases}$$

Titu Andreescu – 数学反思 O511

解 将四个方程相加, 得到 $(x + y + z)^2 = 2\,025$, 因此 $x + y + z = \pm 45$. 将 $z = \pm 45 - x - y$ 代入到第一个方程, 得到

$$2y^2 \mp 90y - (2x^2 \mp 135x + 2\,020) = 0$$

将其看成关于 y 的一元二次方程, 其判别式为 $(4x \mp 135)^2 + 6\,035$. 因为方程有整数根, 所以判别式为完全平方数, 记为 m^2, 于是得到

$$(4x \mp 135 + m)(4x \mp 135 - m) = -6\,035 = -5 \cdot 17 \cdot 71$$

容易看出 $8x \mp 270$ 的可能值为 $\pm(6\,035 - 1), \pm(1\,027 - 5), \pm(355 - 17)$ 或者 $\pm(85 - 71)$. 可以分别求出 $x = \pm 788, \pm 184, \pm 76, \pm 32$. 现在进行一些通常的计算, 得到相应的 y, z, v 和 w. 最后得到 16 个 5 元整数组 (v, w, x, y, z), 其中正负号同时取上面一个或同时取下面一个.

$$(3\,655\,037, -3\,655\,032, \pm 788, \pm 777, \mp 1\,520)$$

$$(-1\,169\,236, 1\,169\,241, \pm 788, \mp 732, \mp 11)$$

$$(187\,046, -187\,041, \pm 184, \pm 174, \mp 313)$$

$$(-49\,597, 49\,602, \pm 184, \mp 129, \mp 10)$$

$$(28\,793, -28\,788, \pm 76, \pm 69, \mp 100)$$

$$(-3\ 664, 3\ 669, \pm 76, \mp 24, \mp 7)$$

$$(6\ 434, -6\ 429, \pm 32, \pm 42, \mp 29)$$

$$(-313, 318, \pm 32, \pm 3, \pm 10)$$

可以验证它们都满足方程组. □

45. 求方程组

$$\begin{cases} (x - \sqrt{xy})(x + 3y) = 8\left(9 + 8\sqrt{3}\right) \\ (y - \sqrt{xy})(3x + y) = 8\left(9 - 8\sqrt{3}\right) \end{cases}$$

的正实数解.

Adrian Andreescu – 数学反思 J541

解 将两个方程相加得到

$$(\sqrt{x} - \sqrt{y})^4 = 144$$

将两个方程相减得到

$$(\sqrt{x} - \sqrt{y})(\sqrt{x} + \sqrt{y})^3 = 128\sqrt{3}$$

因此 $(\sqrt{x} - \sqrt{y}, \sqrt{x} + \sqrt{y}) = (2\sqrt{3}, 4)$ 或者 $(-2\sqrt{3}, -4)$. 由于 $\sqrt{x} + \sqrt{y} > 0$, 第二种情况不可能成立, 因此我们有

$$x = (2 + \sqrt{3})^2 = 7 + 4\sqrt{3}, \ y = (2 - \sqrt{3})^2 = 7 - 4\sqrt{3}$$

容易验证这是方程组的解. □

46. 求方程组

$$\begin{cases} x^4 - y^4 = \dfrac{121x - 122y}{4xy} \\ x^4 + 14x^2y^2 + y^4 = \dfrac{122x + 121y}{x^2 + y^2} \end{cases}$$

的非零实数解.

Titu Andreescu – 数学反思 S180

解法一 首先注意到

$$x^4 + 14x^2y^2 + y^4 = 4(x^2 + y^2)^2 - 3(x^2 - y^2)^2 = s^4 - s^2d^2 + d^4$$

其中 $x + y = s, x - y = d$, 于是得到

$$x^4 - y^4 = sd(x^2 + y^2) = \frac{sd(s^2 + d^2)}{2}, \quad 4xy = s^2 - d^2, \quad x^2 + y^2 = \frac{s^2 + d^2}{2}$$

因此, 方程组可以改写为

$$\begin{cases} sd(s^2 + d^2)(s^2 - d^2) = 243d - s \\ (s^4 - s^2 d^2 + d^4)(s^2 + d^2) = 243s + d \end{cases}$$

我们现在可以得到

$$(243d - s)(243s + d) = sd(s^2 + d^2)(s^2 - d^2)(243s + d)$$
$$= (s^4 - s^2 d^2 + d^4)(s^2 + d^2)(243d - s)$$

由于 $s^2 + d^2 \geqslant 0$(否则 $x = y = 0$,和题目要求不符),因此得到

$$243s^2 d(s^2 - d^2) + sd^2(s^2 - d^2) = 243d(s^4 - s^2 d^2 + d^4) - s(s^4 - s^2 d^2 + d^4)$$

化简为 $s^5 = 243d^5$, $s = 3d$. 代入到两个方程得到 $d^6 = d$, 由于 $x \neq y$(如果 $x = y \neq 0$, 那么第一个方程的左端为零, 右端非零), 因此 $d^5 = 1, d = 1, s = 3$. 解得 $x = 2, y = 1$. 容易代入验证这是方程的唯一解. □

解法二 由于

$$(x^4 + 14x^2 y^2 + y^4)(x^2 + y^2) = 122x + 121y, \quad 4xy(x^4 - y^4) = 121x - 122y$$

而且 $x, y \neq 0$, 因此有

$$(x^4 + 14x^2 y^2 + y^4)(x^2 + y^2)(x - y) - 4xy(x^4 - y^4)(x + y)$$
$$= (122x + 121y)(x - y) - (121x - 122y)(x + y)$$
$$\Leftrightarrow (x^2 + y^2)((x^4 + 14x^2 y^2 + y^4)(x - y) - 4xy(x^2 - y^2)(x + y)) = x^2 + y^2$$
$$\Leftrightarrow (x^4 + 14x^2 y^2 + y^4)(x - y) - 4xy(x^2 - y^2)(x + y) = 1$$
$$\Leftrightarrow (x - y)^5 = 1 \Leftrightarrow x - y = 1$$

设 $t = x + y$, 于是有

$$x^2 - y^2 = t, \quad x^2 + y^2 = \frac{t^2 + 1}{2}, \quad 4xy = t^2 - 1$$

$$y = \frac{t - 1}{2}, \quad 121x - 122y = 121 - \frac{t - 1}{2}$$

方程 $x^4 - y^4 = \dfrac{121x - 122y}{4xy}$ 变为

$$\frac{t(t^4 - 1)}{2} = 121 - \frac{t - 1}{2} \iff t(t^4 - 1) + t - 1 = 242 \iff t^5 = 243 \iff t = 3$$

因此得到

$$\begin{cases} x - y = 1 \\ x + y = 3 \end{cases} \iff x = 2, \, y = 1$$

解答完成. $\qquad\qquad\qquad\qquad\qquad\qquad\qquad\qquad\qquad\qquad\qquad\qquad$ □

47. 求方程组

$$\begin{cases} x^2y + y^2z + z^2x - 3xyz = 23 \\ xy^2 + yz^2 + zx^2 - 3xyz = 25 \end{cases}$$

的整数解.

Adrian Andreescu – 数学反思 J413

解 用第二个方程减去第一个方程,得到

$$(xy^2 + yz^2 + zx^2) - (x^2y + y^2z + z^2x) = 2$$

利用恒等式

$$(xy^2 + yz^2 + zx^2) - (x^2y + y^2z + z^2x) = (x - y)(y - z)(z - x)$$

可以将方程写成

$$(x - y)(y - z)(z - x) = 2$$

考虑到乘积为 2,且 $x - y, y - z, z - x$ 的和为 0,我们可以得出,这三个数为 $2, -1, -1$ 的某个排序.

利用方程的轮换对称性,我们不妨设

$$x - y = 2, \, y - z = -1, \, z - x = -1$$

现在第二个方程的左端可以写成

$$z(x - y)^2 + y(x - z)(y - z)$$

第二个方程变成 $4z - y = 25$,我们得到解 $(x, y, z) = (9, 7, 8)$.

去掉不妨设的条件,得到方程组的所有解为

$$(x, y, z) = \{(9, 7, 8), (8, 9, 7), (7, 8, 9)\}$$

$\qquad\qquad\qquad\qquad\qquad\qquad\qquad\qquad\qquad\qquad\qquad\qquad\qquad$ □

48. 设 a 和 b 是不同的正实数. 求所有的正实数对 (x, y), 满足方程组

$$\begin{cases} x^4 - y^4 = ax - by \\ x^2 - y^2 = \sqrt[3]{a^2 - b^2} \end{cases}$$

Titu Andreescu – 韩国数学奥林匹克 2001

解 由于 a 和 b 不同, 因此 x 和 y 也不同.

第二个方程可以写成

$$a^2 - b^2 = (x^2 - y^2)^3$$

将两个方程中含 a 的项解出, 得到

$$a^2 x^2 = b^2 y^2 + 2by(x^4 - y^4) + (x^4 - y^4)^2$$
$$a^2 x^2 = b^2 x^2 + x^2 (x^2 - y^2)^3$$

两式相减, 得到

$$b^2(x^2 - y^2) - 2by(x^2 - y^2)(x^2 + y^2) + x^2(x^2 - y^2)^3 - (x^2 - y^2)^2(x^2 + y^2)^2 = 0$$

化简为

$$b^2 - 2by(x^2 + y^2) - y^2(x^2 - y^2)(3x^2 + y^2) = 0$$

解这个关于 b 的二次方程, 得到

$$b = y^3 + 3x^2 y, \ a = x^3 + 3xy^2 \quad \text{或者} \quad b = y^3 - x^2 y, \ a = x^3 - xy^2$$

因为 $a = x(x^2 - y^2)$ 和 $b = y(y^2 - x^2)$ 不能同时为正, 所以第二种情况不能成立. 于是 $a = x^3 + 3xy^2, b = 3x^2 y + y^3$, 因此有 $a + b = (x + y)^3, a - b = (x - y)^3$. 方程组变成

$$\begin{cases} x + y = \sqrt[3]{a + b} \\ x - y = \sqrt[3]{a - b} \end{cases}$$

其唯一解为

$$x = \frac{1}{2}(\sqrt[3]{a + b} + \sqrt[3]{a - b}), \ y = \frac{1}{2}(\sqrt[3]{a + b} - \sqrt[3]{a - b})$$

$\square$

49. 解方程组

$$\begin{cases} x(x^4 - 5x^2 + 5) = y \\ y(y^4 - 5y^2 + 5) = z \\ z(z^4 - 5z^2 + 5) = x \end{cases}$$

Titu Andreescu – 数学反思 S419

解 首先我们在区间 $[-2, 2]$ 内找实数解.

设 $x = 2\cos t, t \in [0, \pi]$,于是有

$$y = 2(16\cos^5 t - 20\cos^3 t + 5\cos t) = 2\cos 5t, \ z = \cos 5(5t) = \cos 25t$$

然后得到 $x = 2\cos 5(25t) = 2\cos 125t$.

注意到如果我们应用多倍角公式,或者将上面的公式应用到 $\cos 5t$ 上三次,我们会把 $\cos 125t$ 写成关于 $\cos t$ 的 125 次多项式,也是 x 的 125 次多项式. 因此我们希望找到 125 个解. 由于上面的公式给出 $\cos 125t = \cos t$,然后有

$$125t - t = 2k\pi, \ k = 0, 1, \cdots, 124 \quad 或者 \quad 125t + t = 2k'\pi, \ k' = 1, 2, \cdots, 126$$

因此我们得到 $63 + 62$ 个不同的解

$$2\cos k\left(\frac{\pi}{62}\right), \ k = 0, 1, \cdots, 62 \quad 以及 \quad 2\cos k'\left(\frac{\pi}{63}\right), \ k' = 1, \cdots, 62$$

其中我们需要在第二个公式中去掉 $k' = 0$ 和 $k' = 63$,对应的 $2\cos 0$ 和 $2\cos \pi$ 已经包含在第一个公式中. 已经找到的 125 个解

$$\left(2\cos k\frac{\pi}{62}, 2\cos 5k\frac{\pi}{62}, 2\cos 25k\frac{\pi}{62}\right), \ k = 0, 1, \cdots, 62$$

和

$$\left(2\cos k\frac{\pi}{63}, 2\cos 5k\frac{\pi}{63}, 2\cos 25k\frac{\pi}{63}\right), \ k = 1, \cdots, 62$$

都是不同的,而我们已经说明方程组至多有 $5 \cdot 5 \cdot 5 = 125$ 个解,因此我们已经求出了所有的解. □

50. 求方程组

$$\begin{cases} (x+1)(y+1)(z+1) = 5 \\ (\sqrt{x} + \sqrt{y} + \sqrt{z})^2 - \min\{x, y, z\} = 6 \end{cases}$$

的非负实数解.

Titu Andreescu – 数学反思 O265

解法一 设 $\sqrt{x}=a, \sqrt{y}=b, \sqrt{z}=c$ 并假设 $x=\min\{x,y,z\}$, 得到

$$a^2+1=\frac{5}{(b^2+1)(c^2+1)}=\frac{5}{(bc-1)^2+(b+c)^2} \leqslant \frac{5}{(b+c)^2}$$

以及

$$(b+c)^2+2a(b+c)=6$$

设 $b+c=s>0$. 我们有 $a^2 \leqslant \dfrac{5}{s^2}-1$, 因此

$$\left(\frac{6-s^2}{2s}\right)^2 \leqslant \frac{5-s^2}{s^2}$$

于是得到 $36-12s^2+s^4 \leqslant 20-4s^2$, 可以化简为 $(s^2-4)^2 \leqslant 0$. 因此 $s=2$, $bc-1=0$, 得出 $b=c=1$ 以及

$$a^2=\frac{5}{(1+1)(1+1)}-1=\frac{1}{4}$$

方程组的解为 $(x,y,z)=\left(\dfrac{1}{4},1,1\right)$ 或其轮换. $\qquad\square$

解法二 显然, $\left(\dfrac{1}{4},1,1\right),\left(1,\dfrac{1}{4},1\right),\left(1,1,\dfrac{1}{4}\right)$ 是方程组的解. 我们将证明这些是所有的解. 由于方程组是对称的, 因此不妨设 $x \leqslant y \leqslant z$. 方程组变成

$$\begin{cases} yz+y+z+1=\dfrac{5}{x+1} \\ \sqrt{y}+\sqrt{z}=\sqrt{x+6}-\sqrt{x}=\dfrac{6}{\sqrt{x+6}+\sqrt{x}} \end{cases}$$

用第一个方程减去第二个方程的平方, 然后应用平方差公式, 得到

$$(\sqrt{yz}-1)^2=\left(\sqrt{\frac{5}{x+1}}+\frac{6}{\sqrt{x+6}+\sqrt{x}}\right)\left(\sqrt{\frac{5}{x+1}}-\frac{6}{\sqrt{x+6}+\sqrt{x}}\right)$$

应用琴生不等式到凹函数 $f(t)=\sqrt{t+1}$, 我们得到

$$\frac{\sqrt{x+6}+\sqrt{x}}{6}=\frac{5}{12}f\left(\frac{4x-1}{25}\right)+\frac{1}{12}f(4x-1)$$

$$\leqslant \frac{1}{2}f\left(\frac{4x-1}{5}\right)=\sqrt{\frac{x+1}{5}}$$

其中等号成立当且仅当 $4x - 1 = 0$. 因此得到 $4x - 1 = 0 = \sqrt{yz} - 1$. 将 $x = \dfrac{1}{4}$ 和 $yz = 1$ 代入到方程组, 得到 $y + z = 2$ 和 $\sqrt{y} + \sqrt{z} = 2$. 利用

$$2(y + z) = \left(\sqrt{y} + \sqrt{z}\right)^2 + \left(\sqrt{y} - \sqrt{z}\right)^2$$

解得 $y = z = 1$. □

指数和对数

51. 解方程

$$\lg \frac{2^x - 5^x}{3} = \frac{x-1}{2}$$

Titu Andreescu – AwesomeMath 入学测试 2015

解 若要方程有实数解,则必须有 $2^x - 5^x > 0$,即 $\left(\frac{2}{5}\right)^x > 1$,然后得到 $x < 0$. 我们有 $\frac{2^x - 5^x}{3} = 10^{\frac{x-1}{2}}$. 设 $2^x = a, 5^x = b$,于是有

$$(a-b)^2 = \frac{9}{10}ab$$

即

$$a^2 + b^2 = \frac{29}{10}ab \implies \frac{a}{b} + \frac{b}{a} = \frac{29}{10}$$

设 $t = \frac{a}{b} > 1$. 则最后的方程变为

$$10t^2 - 29t + 10 = 0$$

解得 $t = \frac{29 \pm \sqrt{441}}{20}$. 因此唯一的正根为 $t = \frac{5}{2}$. 于是 $\frac{a}{b} = \frac{5}{2}$,即 $\left(\frac{2}{5}\right)^x = \frac{5}{2}$,解得 $x = -1$. $\qquad\square$

52. 证明:对所有实数 x, y, z,三个数

$$2^{3x-y} + 2^{3x-z} - 2^{y+z+1}$$
$$2^{3y-z} + 2^{3y-x} - 2^{z+x+1}$$
$$2^{3z-x} + 2^{3z-y} - 2^{x+y+1}$$

中至少有一个是非负的.

Adrian Andreescu – 数学反思 J415

证明 不妨设 $x = \max\{x, y, z\}$, 于是有 $2x \geqslant y + z$. 由均值不等式得到

$$2^{3x-y} + 2^{3x-z} \geqslant 2 \cdot 2^{\frac{3x-y+3x-z}{2}} \geqslant 2^{y+z+1}$$

因此三个数中的第一个是非负的. □

53. 解方程

$$\lg(1 - 2^x + 5^x - 20^x + 50^x) = 2x$$

Adrian Andreescu – 数学反思 S211

解 设 $u = 2^x, v = 5^x$. 则有 $u, v > 0$ 以及

$$\lg(1 - 2^x + 5^x - 20^x + 50^x) = 2x$$

$$\Leftrightarrow \ 1 - 2^x + 5^x - 20^x + 50^x = 10^{2x}$$

$$\Leftrightarrow \ 1 - u + v - u^2v + uv^2 = u^2v^2$$

$$\Leftrightarrow \ 1 - u + v - u^2v + uv^2 - u^2v^2 = 0$$

$$\Leftrightarrow \ (1 - uv)(1 + uv) - (u - v)(1 + uv) = 0$$

$$\Leftrightarrow \ (1 + uv)(1 - uv - u + v) = 0$$

$$\Leftrightarrow \ (1 + uv)(1 + v)(1 - u) = 0$$

$$\Leftrightarrow \ u = 1$$

其中用到 $1 + uv > 0, 1 + v > 0$. 因此得到 $2^x = 1 \to x = 0$, 于是 $x = 0$ 是唯一的解. □

54. 对正整数 k, 设 $f(k) = 4^k + 6^k + 9^k$. 证明:对所有非负整数 $m \leqslant n$, 有 $f(2^m)$ 整除 $f(2^n)$.

Titu Andreescu – 数学反思 O55

证明 我们通过对 n 用归纳法来证明. 若 $n = 0$ 或者 $n = 1$, 结论显然成立. 假设 $f(2^i) \mid f(2^n)$, 对所有 $i \in \{0, 1, \cdots, n\}$ 成立. 注意到

$$f(2^{n+1}) = 4^{2^{n+1}} + 6^{2^{n+1}} + 9^{2^{n+1}}$$

$$= (4^{2^n} + 9^{2^n} + 6^{2^n})(4^{2^n} + 9^{2^n} - 6^{2^n})$$

$$= f(2^n)(4^{2^n} + 9^{2^n} - 6^{2^n})$$

因此根据归纳假设, $f(2^i) \mid f(2^{n+1})$ 对所有 $i \in \{0, \cdots, n+1\}$ 成立. □

55. 设 m 和 n 是正整数. 证明:

$$\frac{x^{mn}-1}{m} \geqslant \frac{x^n-1}{x}$$

对所有正实数 x 成立.

Titu Andreescu

证明 因为 x 和 m 是正数,所以我们需要证明

$$x(x^{mn}-1) - m(x^n-1) \geqslant 0$$

也就是说

$$(x^n-1)\big((x^n)^{m-1}x + (x^n)^{m-2}x + \cdots + x - m\big) \geqslant 0$$

定义

$$E(x) = (x^n)^{m-1}x + (x^n)^{m-2}x + \cdots + x - m$$

然后注意到,若 $x \geqslant 1$,则 $x^n \geqslant 1$ 且 $E(x) \geqslant 0$,所以不等式成立. 对于另一种情形,若 $x < 1$,则有 $x^n < 1$, $E(x) < 0$,因此不等式依旧成立. □

56. 求所有的正整数 n,使得 $2^n + 3^n + 13^3 - 14^n$ 是完全立方数.

Titu Andreescu – 数学反思 O218

解 对于 $n = 1, 2$,我们有

$$13^3 > 2^n + 3^n + 13^3 - 14^n > 13^3 - 14^2 = 2\,001 > 1\,728 = 12^3$$

因此当 $n \leqslant 2$ 时, $2^n + 3^n + 13^3 - 14^n$ 不是整数的立方.

对于 $n = 3$,有 $2^n + 3^n + 13^3 - 14^n = -512 = (-8)^3$,所以 $n = 3$ 是一个解.

若 $n = 3m$ 是 3 的倍数,则由于

$$14^{3m} > 14^{3m} - 13^3 - 3^{3m} - 2^{3m} > (14^m - 1)^3$$

因此无解. 其中我们用到

$$14^{2m} = 196^m > 27^m + 8^m + 3 \cdot 14^m, \quad m \geqslant 1$$

$$14^{2m} \geqslant 14^4 > 13^3, \quad m \geqslant 2$$

假设 $n \geqslant 4$ 是一个解,其中 3 不整除 n.

首先注意到 $2^n - 14^n$ 是 8 的倍数,而且 $3^n + 13^3$ 是偶数,因此后者是 8 的倍数. 但是 $13^3 = 2\,197 \equiv 5 \pmod 8$,所以 $3^n \equiv 3 \pmod 8$,因此 n 必然是奇数. 于是 $m \equiv \pm 1 \pmod 6$,现在有两种情况:

(1) $n \equiv 1 \pmod 6$. $13^3 = 2\,197 \equiv -1 \pmod 7$,而 $2^6 \equiv 3^6 \equiv 1 \pmod 7$,因此 $2^n + 3^n + 13^3 - 14^n \equiv 4 \pmod 7$. 但是完全立方数模 7 的余数只能是 0,1 或 6(根据费马小定理,六次幂模 7 为 0 或 1,因此完全立方数模 7 为 0 或 ± 1),矛盾.

(2) $n \equiv 5 \pmod 6$. 注意到 $13^3 = 2\,197 \equiv 1 \pmod 9$,而 $2^6 \equiv 14^6 \equiv 1 \pmod 9$,因此 $2^n + 3^n + 13^3 - 14^n \equiv 32 + 1 - 14^5 \equiv 4 \pmod 9$. 但是完全立方数模 9 的余数只能是 0,1 或 8(根据欧拉定理,六次幂模 9 为 0 或 1,于是完全立方数模 9 为 0 或 ± 1),依然矛盾.

因此唯一的解是 $n = 3$. □

57. 设 n 是正整数,$a_1, a_2, \cdots, a_n$ 是区间 $\left(0, \dfrac{1}{n}\right)$ 内的实数. 证明:

$$\log_{1-a_1}(1 - na_2) + \log_{1-a_2}(1 - na_3) + \cdots + \log_{1-a_n}(1 - na_1) \geqslant n^2$$

Titu Andreescu – 数学反思 J287

证明 我们先证明下面的引理:

引理 对任意 $x \in \left(0, \dfrac{1}{n}\right)$,我们有

$$\frac{\ln(1 - nx)}{\ln(1 - x)} \geqslant n$$

其中 $\ln$ 表示自然对数. 等号成立当且仅当 $n = 1$.

引理的证明 由于 $0 < 1 - nx < 1 - x < 1$ 对所有 $x \in \left(0, \dfrac{1}{n}\right)$ 成立,因此自然对数存在并且为负数. 所以要证的结果等价于 $\ln(1 - nx) \leqslant n\ln(1 - x)$,即 $(1 - nx) \leqslant (1 - x)^n$. 这恰好是伯努利不等式.

为了完整起见,我们通过对 n 用归纳法来证明. 当 $n = 1$ 时,不等式显然对所有 $x \in (0, 1)$ 成立. 假设不等式对 n 成立,注意到

$$(1-x)^{n+1} \geqslant (1-x)(1-nx) = 1 - (n+1)x + nx^2 > 1 - (n+1)x$$

因此不等式对 $n+1$ 成立,并且为严格的不等式. 这就证明了引理.

由于

$$\log_{1-a_1}(1 - na_2) = \frac{\ln(1 - na_2)}{\ln(1 - a_1)}$$

而且类似地,其他项也有相应的不等式,根据均值不等式,只需证明

$$\sqrt[n]{\frac{\ln(1-na_2)\ln(1-na_3)\cdots\ln(1-na_1)}{\ln(1-a_1)\ln(1-a_2)\cdots\ln(1-a_n)}} \geqslant n$$

根号里面是 n 项 $\dfrac{\ln(1-na_i)}{\ln(1-a_i)}$ 形式的数的乘积,每一项根据引理均大于或等于 n,因此不等式成立. 这样就证明了结论,等号成立当且仅当 $n=1$. □

58. 对实数 x,求 $\dfrac{42^x}{48} + \dfrac{48^x}{42} - 2\,016^x$ 的最大值.

Titu Andreescu – AwesomeMath 入学测试 2016

解 我们有

$$\frac{42^x}{48} + \frac{48^x}{42} - 2\,016^x = \frac{42^{x+1} + 48^{x+1} - 2\,016^{x+1}}{2\,016}$$

$$= \frac{(42^{x+1} - 1)(1 - 48^{x+1}) + 1}{2\,016}$$

若 $x \geqslant -1$,则有 $42^{x+1} - 1 \geqslant 0, 1 - 48^{x+1} \leqslant 0$;若 $x < -1$,则有 $42^{x+1} - 1 < 0$, $1 - 48^{x+1} > 0$. 因此

$$(42^{x+1} - 1)(1 - 48^{x+1}) + 1 \leqslant 1$$

对所有实数 x 成立. 因此最大值为 $\dfrac{1}{2\,016}$,当且仅当 $x = -1$ 时取到最大值. □

59. 设 $i_1 < i_2 < \cdots < i_l, j_1 \leqslant j_2 \leqslant \cdots \leqslant j_m$ 是非负整数,满足

$$2^{i_1} + \cdots + 2^{i_l} = 2^{j_1} + \cdots + 2^{j_m}$$

证明:$l \leqslant m$.

Titu Andreescu, Marian Tetiva – 数学反思 O537

证法一 也就是说,我们要证明对于正整数 n 写成 2 的幂的和的所有表示,n 的 2 进制表示所用的幂的个数最少. 将下式右端相同的幂合并

$$2^{i_1} + \cdots + 2^{i_l} = 2^{j_1} + \cdots + 2^{j_m}$$

我们得到了问题的另一种描述:如果

$$n = 2^{i_1} + \cdots + 2^{i_l} = s_1 2^{k_1} + \cdots + s_p 2^{k_p}$$

满足 $i_1 < \cdots < i_l, k_1 < \cdots < k_p, s_1, \cdots, s_p$ 为非负整数,那么必然有

$$l \leqslant s_1 + \cdots + s_p$$

用 $P(n)$ 表示题目中关于 n 的命题. 当 $n = 1$ 时,由于恰好有一种将 1 写成 2 的幂的方法,即 $1 = 2^0$,因此 $P(1)$ 成立.

我们将对 n 用归纳法来证明命题,假设对所有 $1 \leqslant t < n(n \geqslant 2)$,命题 $P(t)$ 成立. 设 $n \geqslant 2$ 被表示成

$$n = 2^{i_1} + \cdots + 2^{i_l} = s_1 2^{k_1} + \cdots + s_p 2^{k_p}$$

其中 $i_1 < \cdots < i_l$, $k_1 < \cdots < k_p$, $s_1, \cdots, s_p$ 为非负整数. 我们将证明 $l \leqslant s_1 + \cdots + s_p$.

首先注意到,如果 $i_1 < k_1$,那么两边除以 2^{i_1},得到左端为奇数,右端为偶数

$$1 + 2^{i_2-i_1} + \cdots + 2^{i_l-i_1} = s_1 2^{k_1-i_1} + \cdots + s_p 2^{k_p-i_1}$$

(这里所有的 2 的幂的指数为正),矛盾. 因此必然有 $k_1 \leqslant i_1$,两边除以 2^{k_1},得到

$$\frac{n}{2^{k_1}} = 2^{i_1-k_1} + 2^{i_2-k_1} + \cdots + 2^{i_l-k_1} = s_1 + s_2 2^{k_2-k_1} + \cdots + s_p 2^{k_p-k_1}$$

若 $k_1 = i_1$,则上式变为

$$\frac{n}{2^{k_1}} - 1 = 2^{i_2-k_1} + \cdots + 2^{i_l-k_1} = (s_1 - 1)2^0 + s_2 2^{k_2-k_1} + \cdots + s_p 2^{k_p-k_1}$$

于是 s_1 是奇数,且 $s_1 - 1 \geqslant 0$. 进一步,我们有

$$\frac{n}{2^{k_1}} - 1 \leqslant n - 1 < n$$

由归纳假设得出

$$l - 1 \leqslant (s_1 - 1) + s_2 + \cdots + s_p \Leftrightarrow l \leqslant s_1 + s_2 + \cdots + s_p$$

此外,若 $k_1 < i_1$,则等式

$$\frac{n}{2^{k_1}} = 2^{i_1-k_1} + 2^{i_2-k_1} + \cdots + 2^{i_l-k_1} = s_1 + s_2 2^{k_2-k_1} + \cdots + s_p 2^{k_p-k_1}$$

中的所有 2 的幂的指数为正,因此 s_1 是偶数,我们得到

$$\frac{n}{2^{k_1+1}} = 2^{i_1-k_1-1} + 2^{i_2-k_1-1} + \cdots + 2^{i_l-k_1-1}$$
$$= \frac{s_1}{2} + s_2 2^{k_2-k_1-1} + \cdots + s_p 2^{k_p-k_1-1}$$

其中

$$\frac{n}{2^{k_1+1}} \leqslant \frac{n}{2} < n$$

由归纳假设依然得出

$$l \leqslant \frac{s_1}{2} + s_2 + \cdots + s_p \leqslant s_1 + s_2 + \cdots + s_p$$

这样就完成了证明. □

证法二 用反证法, 假设 $l > m$. $i_k \geqslant j_k$ 不可能对所有 $1 \leqslant k \leqslant m$ 成立, 因此存在最小的 $k \in \{1, \cdots, m\}$, 使得 $j_k > i_k$. 于是

$$2^{j_1} + \cdots + 2^{j_{k-1}} \leqslant 2^{i_1} + \cdots + 2^{i_{k-1}} < 2^{i_{k-1}+1} \leqslant 2^{i_k} < 2^{i_k+1} \leqslant 2^{j_k}$$

因此有

$$2^{j_1} + \cdots + 2^{j_m} \equiv 2^{j_1} + \cdots + 2^{j_{k-1}} \pmod{2^{i_k+1}}$$

但是

$$2^{i_1} + \cdots + 2^{i_l} \equiv 2^{i_1} + \cdots + 2^{i_k} \pmod{2^{i_k+1}}$$

的余数更大 (这个和小于 2^{i_k+1}), 矛盾. 因此 $l \leqslant m$. □

证法三 对于任意的有限和 $2^{j_1} + \cdots + 2^{j_m}$, 其中 $j_1, \cdots, j_m$ 为非负整数, 如果其中有相同的两项 $2^j, 2^j$, 那么就把这两项替换为 2^{j+1}, 如此继续.

每次替换后, 项数递减, 并且项数为正整数, 因此这个过程最终终止. 替换过程中, 这些 2 的幂的和始终不变, 将最后的求和项递增排列, 我们得到 2 的不同幂的和, 等于 $2^{j_1} + \cdots + 2^{j_m}$.

然而, 将正整数 n 写成不同的 2 的幂的和中的各项必然和 n 的 2 进制表示中的项对应. 因此对任意初始的和 $2^{j_1} + \cdots + 2^{j_m}$ 进行上述替换操作, 最终会得到 $2^{i_1} + \cdots + 2^{i_l}$. 由于替换过程中项数递减, 因此有 $l \leqslant m$. □

60. 证明: 对于 $x \in \mathbb{R}$, 方程

$$2^{2^{x-1}} = \frac{1}{2^{2^x} - 1} \quad \text{和} \quad 2^{2^{x+1}} = \frac{1}{2^{2^{x-1}} - 1}$$

等价.

Titu Andreescu – 数学反思 J358

证明 首先,我们记 $n = 2^{2^{x-1}}$,则 $n > 1$,然后将所给方程分别改写为

$$n^3 - n - 1 = 0$$

和

$$n^5 - n^4 - 1 = 0 \Leftrightarrow (n^2 - n + 1)(n^3 - n - 1) = 0$$

由于 $n^2 - n + 1 = 0$ 没有实数解,因此 $n^3 - n - 1 = 0$ 和 $n^5 - n^4 - 1 = 0$ 等价. 于是

$$2^{2^{x-1}} = \frac{1}{2^{2^x} - 1} \quad \text{和} \quad 2^{2^{x+1}} = \frac{1}{2^{2^{x-1}} - 1}$$

等价. $\qquad\qquad\qquad\qquad\qquad\qquad\qquad\qquad\qquad\qquad\qquad\qquad$ □

极 值 问 题

61. 设正实数 a, b, c 满足 $a + b + c = 1$. 求

$$2\left(\frac{a}{1-a} + \frac{b}{1-b} + \frac{c}{1-c}\right) + 9(ab + bc + ca)$$

的最小值.

Titu Andreescu – AwesomeMath 入学测试 2013

解 注意到

$$2\left(\frac{a}{1-a} + \frac{b}{1-b} + \frac{c}{1-c}\right) = 2\left(\frac{a}{b+c} + \frac{b}{c+a} + \frac{c}{a+b}\right)$$

根据均值不等式, 有

$$\frac{9}{2}a(b+c) + \frac{2a}{b+c} \geqslant 6a$$

$$\frac{9}{2}b(c+a) + \frac{2b}{a+c} \geqslant 6b$$

$$\frac{9}{2}c(a+b) + \frac{2c}{a+b} \geqslant 6c$$

将这三个不等式相加, 我们得到最小值为 6, 当且仅当 $a = b = c = \dfrac{1}{3}$ 时取到最小值. $\qquad\square$

62. (1) 求最大的实数 r, 使得

$$ab \geqslant r\left(1 - \frac{1}{a} - \frac{1}{b}\right)$$

对所有正实数 a, b 成立.

(2) 对正实数 x, y, z, 求 $xyz(2 - x - y - z)$ 的最大值.

Titu Andreescu – 数学反思 J438

解 (1) 根据均值不等式,有

$$\frac{1}{a} + \frac{1}{b} \geqslant \frac{2}{\sqrt{ab}}$$

因此

$$ab - 27\left(1 - \frac{1}{a} - \frac{1}{b}\right) \geqslant \frac{\left(\sqrt{ab}\right)^3 - 27\sqrt{ab} + 54}{\sqrt{ab}}$$

$$= \frac{\left(\sqrt{ab} + 6\right)\left(\sqrt{ab} - 3\right)^2}{\sqrt{ab}} \geqslant 0$$

等号当 $a = b = 3$ 时成立. 因此 r 的最大值为 27.

(2) 根据均值不等式,有

$$xyz(2 - x - y - z) \leqslant \left(\frac{x + y + z + (2 - x - y - z)}{4}\right)^4 = \frac{1}{16}$$

等号当 $x = y = z = \frac{1}{2}$ 时成立. 因此最大值为 $\frac{1}{16}$. $\square$

63. 证明:对任意实数 a, b, c, d,有

$$a^2 + b^2 + c^2 + d^2 + \sqrt{5}\min\{a^2, b^2, c^2, d^2\} \geqslant \left(\sqrt{5} - 1\right)(ab + bc + cd + da)$$

Titu Andreescu – 数学反思 O421

证法一 由于左端关于 a^2, b^2, c^2, d^2 是线性函数,因此可以假设 $a, b, c, d \geqslant 0$. 不等式是轮换对称的,不妨设 $d = \min\{a, b, c, d\}$.

第一种情况:若 $d = 0$,则不等式化为

$$a^2 + b^2 + c^2 + \sqrt{5}\min\{a^2, b^2, c^2, 0\} \geqslant \left(\sqrt{5} - 1\right)(ab + bc)$$

而

$$a^2 + b^2 + c^2 - \left(\sqrt{5} - 1\right)(ab + bc)$$

$$= a^2 + \frac{b^2}{2} + \frac{b^2}{2} + c^2 - \left(\sqrt{5} - 1\right)(ab + bc)$$

$$\geqslant |ab|\left(\sqrt{2} - \sqrt{5} + 1\right) + |bc|\left(\sqrt{2} - \sqrt{5} + 1\right) \geqslant 0$$

因此不等式成立.

第二种情况:$d \neq 0$. 根据齐次性,不妨设 $d = 1$,于是不等式变成

$$f(c) \doteq c^2 - \left(\sqrt{5} - 1\right)(b + 1)c + a^2 + b^2 + 1 + \sqrt{5} - \left(\sqrt{5} - 1\right)(ab + a) \geqslant 0$$

其中 $a, b, c \geqslant 1$. 对 c 求导, 可知最小值在

$$c = \frac{\sqrt{5}-1}{2}(1+b) \doteq \bar{c} > 1$$

时取到, 而且有

$$g(b) = 2f(\bar{c}) = b^2\left(-1+\sqrt{5}\right) + b\left(2a + 2\sqrt{5} - 2\sqrt{5}a - 6\right) + 2a^2$$
$$+ 2a - 2\sqrt{5}a - 1 + 3\sqrt{5}$$

最后的式子的最小值在

$$\bar{b} = \frac{a\left(\sqrt{5}-1\right) + 3 - \sqrt{5}}{\sqrt{5}-1} = a + \frac{\sqrt{5}-1}{2} > 1$$

时取到, 而且最小值为

$$g(\bar{b}) = \frac{1}{4}\left(3 - \sqrt{5}\right)\left(-2a + \sqrt{5} + 3\right)^2 \geqslant 0$$

这样就完成了证明.   □

证法二 只需证明

$$a^2 + b^2 + c^2 + (1+\sqrt{5})d^2 \geqslant (\sqrt{5}-1)(ab + bc + cd + da)$$

对变量 a 和 c 的部分配方, 得到

$$a^2 + b^2 + c^2 + (1+\sqrt{5})d^2 - (\sqrt{5}-1)(ab + bc + cd + da)$$
$$= \left(a + \frac{1-\sqrt{5}}{2}(b+d)\right)^2 + \left(c + \frac{1-\sqrt{5}}{2}(b+d)\right)^2$$
$$+ b^2 + (1+\sqrt{5})d^2 - \frac{(1-\sqrt{5})^2}{2}(b+d)^2$$
$$= \left(a + \frac{1-\sqrt{5}}{2}(b+d)\right)^2 + \left(c + \frac{1-\sqrt{5}}{2}(b+d)\right)^2$$
$$+ (\sqrt{5}-2)(b - (1+\sqrt{5})d)^2 \geqslant 0$$

□

64. 设 $a, b, c, d \geqslant -1$ 满足 $a+b+c+d=4$. 求

$$(a^2+3)(b^2+3)(c^2+3)(d^2+3)$$

的最大值.

Titu Andreescu – 数学反思 S447

解法一 当 $(a,b,c,d) = (7,-1,-1,-1)$ 或其排列时取到最大值 $4^4 \times 13 = 3\,328$.

我们首先证明一个引理:

引理 若 $x, y \geqslant -1$ 满足 $x+y \leqslant 6$,则有

$$(x^2+3)(y^2+3) \leqslant 4((x+y+1)^2+3)$$

引理的证明 实际上,引理等价于

$$x^2 y^2 - x^2 - y^2 + 1 \leqslant 8(x+1)(y+1)$$

进一步可以改写为

$$(x+1)(y+1)((x-1)(y-1)-8) \leqslant 0 \tag{1}$$

由于

$$-2 \leqslant \frac{x+y}{2} - 1 \leqslant 2$$

因此

$$(x-1)(y-1) \leqslant \left(\frac{x-1+y-1}{2}\right)^2 = \left(\frac{x+y}{2}-1\right)^2 < 8$$

又因为 $x+1 \geqslant 0, y+1 \geqslant 0$,所以式 (1) 成立,这就证明了引理.

我们将引理应用到 $x=a, y=b$,然后再应用到 $x=c, y=d$. 注意到根据题目假设,条件 $x, y \geqslant -1$ 和 $x+y \leqslant 6$ 在两种情况下均成立. 例如,

$$4 = a+b+c+d \geqslant a+b-2$$

给出 $a+b \leqslant 6$.

我们于是得到

$$(a^2+3)(b^2+3) \leqslant 4((a+b+1)^2+3)$$

以及

$$(c^2+3)(d^2+3) \leqslant 4((c+d+1)^2+3)$$

相乘得到

$$(a^2+3)(b^2+3)(c^2+3)(d^2+3) \leqslant 16((a+b+1)^2+3)((c+d+1)^2+3)$$

再次应用引理到 $x = a+b+1$ 和 $y = c+d+1$(注意到 $x, y \geqslant -1, x+y = 6$ 依旧成立) 得出

$$(a^2+3)(b^2+3)(c^2+3)(d^2+3) \leqslant 64((a+b+c+d+3)^2+3) = 64 \cdot 52 = 4^4 \cdot 13$$

因此最大值为 $4^4 \cdot 13$. □

解法二 容易通过计算得出

$$((-1)^2+3)((a+b+1)^2+3) - (a^2+3)(b^2+3) = (a+1)(b+1)(7+a+b-ab)$$

若记 $7+a+b-ab = 8-(a-1)(b-1)$,则容易验证 $7+a+b-ab \geqslant 4 > 0$. 有三种情况需要考察. 若 $a, b \leqslant 1$,则由于 $a, b \geqslant -1$,因此得到 $(a-1)(b-1) \leqslant 4$,于是 $7+a+b-ab \geqslant 4$. 若 a, b 其中一个小于 1,另一个大于 1,则 $(a-1)(b-1) < 0$,于是 $7+a+b-ab \geqslant 8$. 最后,若 $a, b \geqslant 1$,则由于 $a+b = 4-c-d \leqslant 6$,因此有

$$8-(a-1)(b-1) \geqslant 8 - \left(\frac{a+b-2}{2}\right)^2 \geqslant 8 - \left(\frac{6-2}{2}\right)^2 \geqslant 4$$

这样就可以得到

$$((-1)^2+3)((a+b+1)^2+3) \geqslant (a^2+3)(b^2+3)$$

(等号当且仅当 $a = b = -1$ 时成立). 这说明:如果我们将数对 a, b 替换为 -1 和 $a+b+1$,那么相应乘积增加. 由于这个替换不改变两个数的求和,因此可以对 a, b, c, d 中的任意两个进行这样的替换. 于是当且仅当 a, b, c, d 中的三个等于 -1,另一个等于 7 时,取到最大值,此时乘积为

$$4^3(7^2+3) = 3\,328$$ □

65. 对正实数 a, b, c,求

$$\left(\frac{9b+4c}{a} - 6\right)\left(\frac{9c+4a}{b} - 6\right)\left(\frac{9a+4b}{c} - 6\right)$$

的最大值.

Titu Andreescu – 数学反思 S449

解 最大值为 7^3，当 $a = b = c$ 时取到. 为此只需证明

$$(9b + 4c - 6a)(9c + 4a - 6b)(9a + 4b - 6c) \leqslant 7^3 abc$$

设 $x = 9b + 4c - 6a, y = 9c + 4a - 6b, z = 9a + 4b - 6c.$ 我们有

$$2x + 3y = 35c, \quad 2y + 3z = 35a, \quad 2z + 3x = 35b$$

这说明 x, y, z 中最多有一个不是正数. 目标不等式化简为

$$xyz \leqslant \frac{1}{5^3}(2x + 3y)(2y + 3z)(2z + 3x)$$

如果 x, y, z 中恰好有一个不是正数，那么不等式显然成立. 如果 x, y, z 均为正数，那么根据均值不等式有

$$\sqrt[5]{x^2y^3} \leqslant \frac{1}{5}(x + x + y + y + y) = \frac{1}{5}(2x + 3y)$$

$$\sqrt[5]{y^2z^3} \leqslant \frac{1}{5}(y + y + z + z + z) = \frac{1}{5}(2y + 3z)$$

$$\sqrt[5]{z^2x^3} \leqslant \frac{1}{5}(z + z + x + x + x) = \frac{1}{5}(2z + 3x)$$

三个相乘，得出所需的结论. □

66. 求所有的实数 $x, y, z \geqslant 1$，满足

$$\min\left\{\sqrt{x + xyz}, \sqrt{y + xyz}, \sqrt{z + xyz}\right\} = \sqrt{x - 1} + \sqrt{y - 1} + \sqrt{z - 1}$$

Titu Andreescu – USAJMO 2013

解法一 设 a, b, c 是非负实数，使得

$$x = 1 + a^2, y = 1 + b^2, z = 1 + c^2$$

我们不妨设 $a \geqslant b \geqslant c$，于是题目条件就变为

$$(1 + c^2)(1 + (1 + a^2)(1 + b^2)) = (a + b + c)^2$$

柯西不等式给出

$$(a + b + c)^2 \leqslant (1 + (a + b)^2)(c^2 + 1)$$

结合上面的关系，得到

$$(1 + a^2)(1 + b^2) \leqslant (a + b)^2$$

等价于 $(ab-1)^2 \leqslant 0$. 因此 $ab = 1$, 而且我们在使用柯西不等式时成立等号, 即 $c(a+b) = 1$. 反之, 如果这些关系成立, 那么题目条件成立. 因此, 问题的解为

$$x = 1 + a^2, \ y = 1 + \frac{1}{a^2}, \ z = 1 + \left(\frac{a}{a^2+1}\right)^2, \ xyz = 1 + \left(a + \frac{1}{a}\right)^2 \geqslant 5$$

或其排列, 其中 $a \geqslant 1$ 是某个实数. □

解法二 关键的引理:

引理 对所有 $a, b \geqslant 1$, 有

$$\sqrt{a-1} + \sqrt{b-1} \leqslant \sqrt{ab}$$

成立, 其中等号成立当且仅当 $(a-1)(b-1) = 1$.

引理的证明 根据柯西不等式, 有

$$\sqrt{a-1} + \sqrt{b-1} = \sqrt{a-1}\sqrt{1} + \sqrt{1}\sqrt{b-1}$$
$$\leqslant \sqrt{(a-1+1)(b-1+1)} = \sqrt{ab}$$

等号成立当且仅当

$$a - 1 = \frac{1}{b-1} \Rightarrow (a-1)(b-1) = 1$$

现在假设 $x = \min\{x, y, z\}$. 根据引理, 有

$$\sqrt{x-1} + \sqrt{y-1} + \sqrt{z-1} \leqslant \sqrt{x-1} + \sqrt{yz} \leqslant \sqrt{x(yz+1)} = \sqrt{xyz+x}$$

所以等号成立. 因此有 $(y-1)(z-1) = 1$ 并且 $(x-1)(yz) = 1$. 如果设 $z = c$, 那么容易通过计算得到

$$y = \frac{c}{c-1}, \ x = \frac{c^2+c-1}{c^2}$$

现在只需验证 $x \leqslant y, z$. 通过简单计算得到

$$x = \frac{c^2+c-1}{c^2} \leqslant c = z \ \Leftrightarrow \ (c^2-1)(c-1) \geqslant 0$$

显然成立. 同时

$$x = \frac{c^2+c-1}{c^2} \leqslant \frac{c}{c-1} = y \ \Leftrightarrow \ 2c \geqslant 1$$

由于 $c \geqslant 1$, 因此这也显然成立. 所以方程的所有解都具有形式

$$(x, y, z) = \left(\frac{c^2+c-1}{c^2}, \frac{c}{c-1}, c\right)$$

或其排列, 其中 $c > 1$. □

注 引理的另一个证明如下：根据均值不等式，有

$$(ab - a - b + 1) + 1 = (a-1)(b-1) + 1 \geqslant 2\sqrt{(a-1)(b-1)}$$

$$ab \geqslant (a-1) + (b-1) + 2\sqrt{(a-1)(b-1)}$$

现在对两边取平方根得到所需结论. 等号成立当且仅当 $(a-1)(b-1) = 1$.

解法三 不妨设

$$x = \min\{x, y, z\}$$

设 $a = \sqrt{x-1}, b = \sqrt{y-1}, c = \sqrt{z-1}$. 于是 $x = a^2 + 1, y = b^2 + 1, z = c^2 + 1$. 方程变为

$$(a^2 + 1) + (a^2 + 1)(b^2 + 1)(c^2 + 1) = (a + b + c)^2$$

配方得到

$$(1 + a^2)(bc - 1)^2 + (a(b+c) - 1)^2 = 0$$

因此 $bc = 1, a(b+c) = 1$. 将 a 和 b 用 c 表示，我们有

$$a = \frac{c}{c^2 + 1}, \quad b = \frac{1}{c}$$

由于

$$a = \frac{1}{b+c} < \min\left\{\frac{1}{b}, \frac{1}{c}\right\} = \min\{c, b\}$$

因此 a 是 a, b, c 中最小的. 于是有

$$x = \frac{c^4 + 3c^2 + 1}{(c^2 + 1)^2}, \quad y = \frac{c^2 + 1}{c^2}, \quad z = c^2 + 1$$

设 $c^2 = t$，我们可以将解 (x, y, z) 表示为

$$\left(\frac{t^2 + 3t + 1}{(t+1)^2}, \frac{t+1}{t}, t+1\right)$$

或其排列，其中 $t > 0$. □

67. 设 a, b, c 是大于或等于 1 的实数. 证明：

$$\min\left\{\frac{10a^2 - 5a + 1}{b^2 - 5b + 10}, \frac{10b^2 - 5b + 1}{c^2 - 5c + 10}, \frac{10c^2 - 5c + 1}{a^2 - 5a + 10}\right\} \leqslant abc$$

Titu Andreescu – USAJMO 2014

证明 由于 $(a-1)^5 \geqslant 0$,因此有

$$a^5 - 5a^4 + 10a^3 - 10a^2 + 5a - 1 \geqslant 0$$

等价于

$$10a^2 - 5a + 1 \leqslant a^3(a^2 - 5a + 10)$$

由于 $a^2 - 5a + 10 = \left(a - \dfrac{5}{2}\right)^2 + \dfrac{15}{4} > 0$,因此

$$\frac{10a^2 - 5a + 1}{a^2 - 5a + 10} \leqslant a^3$$

还注意到

$$10a^2 - 5a + 1 = 10\left(a - \frac{1}{4}\right)^2 + \frac{3}{8} > 0$$

我们最终得到

$$0 \leqslant \frac{10a^2 - 5a + 1}{a^2 - 5a + 10} \leqslant a^3$$

类似地,有

$$0 \leqslant \frac{10b^2 - 5b + 1}{b^2 - 5b + 10} \leqslant b^3$$

$$0 \leqslant \frac{10c^2 - 5c + 1}{c^2 - 5c + 10} \leqslant c^3$$

因此

$$\left(\frac{10a^2 - 5a + 1}{a^2 - 5a + 10}\right)\left(\frac{10b^2 - 5b + 1}{b^2 - 5b + 10}\right)\left(\frac{10c^2 - 5c + 1}{c^2 - 5c + 10}\right) \leqslant a^3 b^3 c^3$$

整理为

$$\left(\frac{10a^2 - 5a + 1}{b^2 - 5b + 10}\right)\left(\frac{10b^2 - 5b + 1}{c^2 - 5c + 10}\right)\left(\frac{10c^2 - 5c + 1}{a^2 - 5a + 10}\right) \leqslant (abc)^3$$

于是

$$\min\left\{\frac{10a^2 - 5a + 1}{b^2 - 5b + 10}, \frac{10b^2 - 5b + 1}{c^2 - 5c + 10}, \frac{10c^2 - 5c + 1}{a^2 - 5a + 10}\right\} \leqslant abc \qquad \square$$

68. 设实数 $a_1, a_2, \cdots, a_n(n > 3)$ 满足

$$a_1 + a_2 + \cdots + a_n \geqslant n, \quad a_1^2 + a_2^2 + \cdots + a_n^2 \geqslant n^2$$

证明:$\max\{a_1, a_2, \cdots, a_n\} \geqslant 2$.

Titu Andreescu – USAMO 1999

证法一 首先,假设所有的 a_i 为正数. 于是有

$$\max\{a_1, \cdots, a_n\} \geqslant \sqrt{\frac{a_1^2 + \cdots + a_n^2}{n}} \geqslant \sqrt{n} \geqslant 2$$

另外,不妨设

$$a_1 \geqslant a_2 \geqslant \cdots \geqslant a_k \geqslant 0 > a_{k+1} \geqslant \cdots \geqslant a_n$$

其中 $1 \leqslant k < n$. 如果 $a_1 > 2$,那么我们已经完成了证明. 所以假设 $a_1 \leqslant 2$,然后有

$$\sum_{i=1}^{k} a_i \leqslant 2k$$

因此

$$\sum_{i=k+1}^{n} -a_i \leqslant 2k - n$$

由于对所有 $k+1 \leqslant i \leqslant n$, $-a_i$ 是正实数,因此得到

$$\sum_{i=k+1}^{n} a_i^2 \leqslant \left(\sum_{i=k+1}^{n} -a_i\right)^2 \leqslant (2k-n)^2$$

故

$$\max\{a_1, \cdots, a_n\}^2 \geqslant \sum_{i=1}^{k} \frac{a_i^2}{k} \geqslant \frac{1}{k}\left(n^2 - \sum_{i=k+1}^{n} a_i^2\right) \geqslant \frac{n^2 - (2k-n)^2}{k} = 4(n-k)$$

因为 $k < n$,所以 $4(n-k) > 4$. 于是 $\max\{a_1, \cdots, a_n\} \geqslant \sqrt{4} = 2$,证明完成. $\qquad \square$

证法二 用反证法,假设每个 a_i 小于 2. 不妨设

$$a_1 \leqslant a_2 \leqslant a_3 \leqslant \cdots \leqslant a_n < 2$$

设 k 是最大的整数,使得 $a_k \leqslant 0$ 和 $0 \leqslant a_{k+1}$ 成立 (如果所有 a_i 为非负数,那么取 $k = 0$).

若 $k = 0$,则因为 $n \geqslant 4$,所以有

$$\sum_{i=1}^{n} a_i^2 < \sum_{i=1}^{n} 4 = 4n \leqslant n^2$$

矛盾. 因此假设 $n \geqslant k \geqslant 1$,于是有

$$\sum_{i=1}^{k} a_i \geqslant n - \sum_{i=k+1}^{n} a_i > n - 2(n-k) = 2k - n$$

由于对所有 $i \leqslant k$ 有 $a_i \leqslant 0$, 不等式的两边都非正, 因此两边平方后不等式变号. 由于对所有 $i,j \leqslant k$ 有 $a_i a_j \geqslant 0$, 因此

$$\sum_{i=1}^{k} a_i^2 \leqslant \left(\sum_{i=1}^{k} a_i\right)^2 < (2k-n)^2 = 4k^2 - 4kn + n^2$$

进而得到

$$\sum_{i=1}^{n} a_i^2 = \sum_{i=1}^{k} a_i^2 + \sum_{i=k+1}^{n} a_i^2 < 4k^2 - 4kn + n^2 + 4(n-k)$$
$$= n^2 - 4(k-1)(n-k) \leqslant n^2$$

和所给的条件矛盾. 这样就完成了证明. □

69. 对 $n \geqslant 2$, 设 $a_1, a_2, \cdots, a_n$ 为正实数, 满足

$$(a_1 + a_2 + \cdots + a_n)\left(\frac{1}{a_1} + \frac{1}{a_2} + \cdots + \frac{1}{a_n}\right) \leqslant \left(n + \frac{1}{2}\right)^2$$

证明: $\max\{a_1, a_2, \cdots, a_n\} \leqslant 4\min\{a_1, a_2, \cdots, a_n\}$.

Titu Andreescu – USAMO 2009

证法一 不妨设 $a_1 \geqslant \cdots \geqslant a_n$, 现在证明 $a_1 \leqslant 4a_n$. 将 $a_1 + \cdots + a_n$ 中首、末项交换, 再和 $\frac{1}{a_1} + \cdots + \frac{1}{a_n}$ 相乘并应用柯西不等式, 得到

$$(a_n + a_2 + \cdots + a_{n-1} + a_1)\left(\frac{1}{a_1} + \frac{1}{a_2} + \cdots + \frac{1}{a_n}\right) \geqslant \left(\sqrt{\frac{a_n}{a_1}} + n - 2 + \sqrt{\frac{a_1}{a_n}}\right)^2$$

代入题目条件, 得到

$$\left(n + \frac{1}{2}\right)^2 \geqslant \left(\sqrt{\frac{a_n}{a_1}} + n - 2 + \sqrt{\frac{a_1}{a_n}}\right)^2$$

两边开平方, 整理得到

$$\frac{5}{2} \geqslant \sqrt{\frac{a_n}{a_1}} + \sqrt{\frac{a_1}{a_n}} \Leftrightarrow \frac{17}{4} \geqslant \frac{a_n}{a_1} + \frac{a_1}{a_n} \Leftrightarrow 0 \geqslant (a_1 - 4a_n)\left(a_1 - \frac{a_n}{4}\right)$$

由于 $a_1 \geqslant a_n > 0$, 因此

$$\left(a_1 - \frac{a_n}{4}\right) > 0$$

于是得到

$$0 \geqslant (a_1 - 4a_n) \Rightarrow 4a_n \geqslant a_1$$

证毕. □

证法二　不妨设 $a_1 \geqslant a_2 \geqslant \cdots \geqslant a_n$. 根据柯西不等式以及题目条件,有

$$\left(a_1 + a_2 + \cdots + a_n + 3a_n - \frac{3a_1}{4}\right)\left(\frac{1}{a_1} + \frac{1}{a_2} + \cdots + \frac{1}{a_n}\right)$$

$$= \left(\frac{a_1}{4} + a_2 + \cdots + a_{n-1} + 4a_n\right)\left(\frac{1}{a_1} + \frac{1}{a_2} + \cdots + \frac{1}{a_n}\right)$$

$$\geqslant \left(\frac{1}{2} + n - 2 + 2\right)^2 = \left(n + \frac{1}{2}\right)^2$$

$$\geqslant (a_1 + a_2 + \cdots + a_n)\left(\frac{1}{a_1} + \frac{1}{a_2} + \cdots + \frac{1}{a_n}\right)$$

得到 $3a_n - \dfrac{3a_1}{4} \geqslant 0 \Leftrightarrow 4a_n \geqslant a_1$. □

70. 设正实数 a, b, c 满足 $a + b + c = 4\sqrt[3]{abc}$. 证明:

$$2(ab + bc + ca) + 4\min\{a^2, b^2, c^2\} \geqslant a^2 + b^2 + c^2$$

Titu Andreescu – USAMO 2018

证法一　不妨设 $a \leqslant b \leqslant c$. 不等式两边加上 $2(ab + bc + ca)$,然后因式分解得到

$$4(a(a + b + c) + bc) \geqslant (a + b + c)^2$$

$$\Leftrightarrow \frac{4a\sqrt[3]{abc} + bc}{2} \geqslant 2\sqrt[3]{a^2b^2c^2}$$

最后的不等式可由均值不等式得到,于是完成了证明. □

证法二　由齐次性,可以假设 $abc = 1$,因此 $a + b + c = 4$. 不妨设 $a = \min\{a, b, c\}$. 不等式可以改写为

$$(a + b + c)^2 + 4a^2 \geqslant 2(a^2 + b^2 + c^2)$$

然后化简成 $8 + a^2 \geqslant b^2 + c^2$. 由于

$$b^2 + c^2 = (b + c)^2 - 2bc = (4 - a)^2 - \frac{2}{a}$$

因此只需证明:

$$8 + a^2 \geqslant 16 - 8a + a^2 - \frac{2}{a} \Leftrightarrow 2(2a - 1)^2 \geqslant 0$$

这显然成立. 等号成立当且仅当 $a = \dfrac{1}{2}$, $bc = 2$, $b + c = \dfrac{7}{2}$,即

$$(a, b, c) = \left(\frac{1}{2}, \frac{7 + \sqrt{17}}{4}, \frac{7 - \sqrt{17}}{4}\right)$$

或其排列. □

不　等　式

71. 设 a, b, c 为非负实数,证明:

$$(a - 2b + 4c)(-2a + 4b + c)(4a + b - 2c) \leqslant 27abc$$

Adrian Andreescu – 数学反思 J379

证明　设变量 x, y, z 为

$$a - 2b + 4c = x, \; -2a + 4b + c = y, \; 4a + b - 2c = z$$

注意到

$$a = \frac{2z + x}{9}, \; b = \frac{2y + z}{9}, \; c = \frac{2x + y}{9}$$

因此目标不等式变为

$$(2x + y)(2y + z)(2z + x) \geqslant 27xyz \tag{1}$$

由于 a, b, c 非负,式 (1) 的左端总是非负的. 若 $xyz \leqslant 0$,则不等式显然成立. 若 $xyz > 0$,则 x, y, z 中恰有两个或零个为负. 若其中有两个为负,不妨设 $x < 0$, $y < 0, z > 0$,则 $c = \dfrac{2x + y}{9} < 0$,矛盾. 若 x, y, z 均为正,则根据均值不等式有

$$(2x + y)(2y + z)(2z + x) \geqslant 3\sqrt[3]{x^2 y} \cdot 3\sqrt[3]{y^2 z} \cdot 3\sqrt[3]{z^2 x} = 27xyz$$

等号成立当且仅当 $x = y = z$,于是 $a = b = c$.　　　　　□

72. 设非负实数 a, b, c, d 满足 $a^2 + b^2 + c^2 + d^2 = 4$. 证明:

$$\frac{1}{5 - \sqrt{ab}} + \frac{1}{5 - \sqrt{bc}} + \frac{1}{5 - \sqrt{cd}} + \frac{1}{5 - \sqrt{da}} \leqslant 1$$

Titu Andreescu – 数学反思 O393

证法一 首先注意到由于

$$\sqrt{ab} \leqslant \sqrt{\frac{a^2+b^2}{2}} \leqslant \sqrt{\frac{4}{2}} < 5$$

因此 $5-\sqrt{ab}, 5-\sqrt{bc}, 5-\sqrt{cd}, 5-\sqrt{da}$ 均为正数. 其次利用不等式 $\sqrt{ab} \leqslant \dfrac{a+b}{2}$ 和 $\dfrac{2}{x+y} \leqslant \dfrac{1}{2x} + \dfrac{1}{2y}$, 其中 $x, y > 0$, 我们得到

$$\frac{1}{5-\sqrt{ab}} \leqslant \frac{1}{5-\dfrac{a+b}{2}} = \frac{2}{5-a+5-b} \leqslant \frac{1}{2(5-a)} + \frac{1}{2(5-b)}$$

写下对应其他项的类似不等式然后相加, 只需证明更强的不等式

$$\frac{1}{5-a} + \frac{1}{5-b} + \frac{1}{5-c} + \frac{1}{5-d} \leqslant 1$$

我们想要求出一个 t, 满足

$$\frac{4}{5-a} \leqslant ta^2 - t + 1$$

对所有 $a \leqslant 2$ 成立 (注意到由于 $a^2 + b^2 + c^2 + d^2 = 4$, 因此 $a, b, c, d \leqslant 2$). 由于 $a = 1$ 时不等式的等号成立, 因此我们想要 $a = 1$ 是重根, 得到 $t = \dfrac{1}{8}$. 于是有

$$\frac{4}{5-a} \leqslant \frac{a^2+7}{8} \iff (a-1)^2(a-3) \leqslant 0$$

当 $a \leqslant 3$ 时成立. 这样就证明了结论. 等号成立当且仅当 $a = b = c = d = 1$. $\square$

证法二 利用均值不等式得到

$$4 \geqslant a^2 + b^2 \geqslant 2ab \implies ab \leqslant 2$$

因此有 $\sqrt{ab} \leqslant \dfrac{3}{2}$, 然后得到

$$\begin{aligned}
\frac{1}{5-\sqrt{ab}} &= \frac{1}{4} + \frac{1}{16}\left(\sqrt{ab}-1\right) + \frac{\left(\sqrt{ab}-1\right)^2}{16\left(5-\sqrt{ab}\right)} \\
&\leqslant \frac{1}{4} + \frac{1}{16}\left(\sqrt{ab}-1\right) + \frac{\left(\sqrt{ab}-1\right)^2}{16\left(5-\dfrac{3}{2}\right)} \\
&= \frac{1}{112}\left(2 \cdot ab + 3\sqrt{ab} + 23\right) \tag{1}
\end{aligned}$$

类似地,有

$$\frac{1}{5 - \sqrt{bc}} \leqslant \frac{1}{112}\left(2 \cdot bc + 3\sqrt{bc} + 23\right) \tag{2}$$

$$\frac{1}{5 - \sqrt{cd}} \leqslant \frac{1}{112}\left(2 \cdot cd + 3\sqrt{cd} + 23\right) \tag{3}$$

$$\frac{1}{5 - \sqrt{da}} \leqslant \frac{1}{112}\left(2 \cdot da + 3\sqrt{da} + 23\right) \tag{4}$$

将式 (1) (2) (3) (4) 相加,利用均值不等式得到

$$\frac{1}{5 - \sqrt{ab}} + \frac{1}{5 - \sqrt{bc}} + \frac{1}{5 - \sqrt{cd}} + \frac{1}{5 - \sqrt{da}}$$

$$\leqslant \frac{1}{112}\left(2(ab + bc + cd + da) + 3\left(\sqrt{ab} + \sqrt{bc} + \sqrt{cd} + \sqrt{da}\right) + 92\right)$$

$$\leqslant \frac{1}{112}\left((a^2 + b^2) + (b^2 + c^2) + (c^2 + d^2) + (d^2 + a^2)\right.$$

$$\left. + 3\left(\sum \sqrt[4]{a^2 b^2 \cdot 1 \cdot 1}\right) + 92\right)$$

$$\leqslant \frac{1}{112}\left(8 + \frac{3}{4}(2a^2 + 2b^2 + 2c^2 + 2d^2 + 8) + 92\right) = 1$$

等号成立当且仅 $a = b = c = d = 1$. $\qquad\square$

证法三 根据题目的对称性,只需证明

$$\frac{1}{5 - \sqrt{ab}} + \frac{1}{5 - \sqrt{cd}} \leqslant \frac{1}{2}$$

两边乘以分母的乘积 (由于 $ab, cd \leqslant \dfrac{a^2 + b^2 + c^2 + d^2}{2} = 2$,因此分母为正),然后整理得到等价的不等式

$$5 - 3\sqrt{ab} - 3\sqrt{cd} + \sqrt{abcd} \geqslant 0$$

现在应用均值不等式得到

$$\sqrt{ab} + \sqrt{cd} \leqslant \frac{a + b + c + d}{2} \leqslant 2\sqrt{\frac{a^2 + b^2 + c^2 + d^2}{4}} = 2 \tag{1}$$

因此可以定义 $\delta = 2 - \sqrt{ab} - \sqrt{cd} \geqslant 0$,然后将 $\delta - 2$ 平方后移项,得到

$$\sqrt{abcd} = 2 - 2\delta + \frac{\delta^2 - ab - cd}{2}$$

现在只需证明

$$2 + 2\delta + \delta^2 - ab - cd \geqslant 0 \tag{2}$$

根据均值不等式有

$$ab + cd \leqslant \frac{a^2 + b^2 + c^2 + d^2}{2} = 2$$

再根据 $2\delta + \delta^2 \geqslant 0$, 就证明了式 (2). 注意到等号成立需要 $\delta = 0$, 于是在式 (1) 中第二个小于或等于号取到等号, 得到 $a = b = c = d$.

这样就完成了证明, 等号成立当且仅当 $a = b = c = d = 1$, 此时不等式左端所有项均为 $\dfrac{1}{4}$. □

73. 设正实数 $a_1, \cdots, a_n$ 满足

$$\sqrt{a_1} + \sqrt{a_2} + \cdots + \sqrt{a_n} = a_1 + a_2 + \cdots + a_n$$

证明:

$$\sqrt{a_1^2 + 1} + \sqrt{a_2^2 + 1} + \cdots + \sqrt{a_n^2 + 1} \leqslant n\sqrt{2}$$

Titu Andreescu – 数学反思 O343

证明 设 $A = \sqrt{a_1} + \cdots + \sqrt{a_n} = a_1 + \cdots + a_n$. 根据柯西不等式, 有

$$\sqrt{a_1^2 + 1} + \cdots + \sqrt{a_n^2 + 1}$$
$$= \sum_{i=1}^{n} \sqrt{(a_i + \sqrt{2a_i} + 1)(a_i - \sqrt{2a_i} + 1)}$$
$$\leqslant \sqrt{(A + \sqrt{2}A + n)(A - \sqrt{2}A + n)}$$
$$= \sqrt{2n^2 - (n - A)^2} \leqslant n\sqrt{2}$$ □

74. 设正实数 a, b, c 满足

$$a^2 + b^2 + c^2 + (a + b + c)^2 \leqslant 4$$

证明:

$$\frac{ab + 1}{(a + b)^2} + \frac{bc + 1}{(b + c)^2} + \frac{ca + 1}{(c + a)^2} \geqslant 3$$

Titu Andreescu – USAJMO 2011

证明 条件改写为

$$a^2 + b^2 + c^2 + ab + bc + ac \leqslant 2$$

现在注意到

$$\frac{2ab + 2}{(a + b)^2} \geqslant \frac{2ab + a^2 + b^2 + c^2 + ab + bc + ac}{(a + b)^2}$$
$$= \frac{(a + b)^2 + (c + a)(c + b)}{(a + b)^2}$$

对 $\{a,b,c\}$ 中的每一对得到类似不等式, 然后相加, 得到

$$\sum_{\text{cyc}} \frac{2ab+2}{(a+b)^2} \geqslant 3 + \sum_{\text{cyc}} \frac{(c+a)(c+b)}{(a+b)^2} \geqslant 6$$

其中最后一个不等式应用了均值不等式. 两边除以 2 就得到所求的不等式. $\quad\square$

75. 设 a,b,c 是正实数. 证明:

$$\frac{a^3+3b^3}{5a+b} + \frac{b^3+3c^3}{5b+c} + \frac{c^3+3a^3}{5c+a} \geqslant \frac{2}{3}(a^2+b^2+c^2)$$

Titu Andreescu – USAJMO 2012

证法一 首先有权方和不等式

$$\sum_{i=1}^{n} \frac{a_i^2}{b_i} \geqslant \frac{(a_1+a_2+\cdots+a_n)^2}{b_1+b_2+\cdots+b_n}$$

其中 a_i 和 b_i 是正实数序列. 将要证明的不等式左端的每个分式的分子分开, 然后增加一些因子把分子变成平方式, 应用权方和不等式到六个分式的和, 得到*

$$\begin{aligned}
\sum_{\text{cyc}} \frac{a^3+3b^3}{5a+b} &= \sum_{\text{cyc}} \frac{a^3}{5a+b} + \sum_{\text{cyc}} \frac{3a^3}{5c+a} \\
&= \sum_{\text{cyc}} \frac{a^4}{5a^2+ab} + \sum_{\text{cyc}} \frac{9a^4}{15ac+3a^2} \\
&\geqslant \frac{16(a^2+b^2+c^2)^2}{8(a^2+b^2+c^2)+16(ab+bc+ca)} \\
&\geqslant \frac{16(a^2+b^2+c^2)^2}{24(a^2+b^2+c^2)} = \frac{2}{3}(a^2+b^2+c^2)
\end{aligned}$$

其中在第二个不等式处, 我们应用了

$$a^2+b^2+c^2 \geqslant ab+bc+ca \iff (a-b)^2+(b-c)^2+(c-a)^2 \geqslant 0 \qquad \square$$

证法二 根据柯西-施瓦茨不等式, 有

$$\sum_{\text{cyc}} \left(\frac{a^3}{5a+b} + \frac{b^3}{5a+b} + \frac{b^3}{5a+b} + \frac{b^3}{5a+b} \right)$$

$$\geqslant \frac{\left(\sum\limits_{\text{cyc}} (a^2+b^2+b^2+b^2) \right)^2}{\sum\limits_{\text{cyc}} (a(5a+b)+b(5a+b)+b(5a+b)+b(5a+b))}$$

---

*公式中的 $\sum\limits_{\text{cyc}}$ 表示将式子中的变量按顺序轮换, 然后求和. ——译者注

$$= \frac{\left(4a^2 + 4b^2 + 4c^2\right)^2}{(8a^2 + 8b^2 + 8c^2) + (16ab + 16bc + 16ca)}$$

$$\geqslant \frac{16\left(a^2 + b^2 + c^2\right)^2}{(8a^2 + 8b^2 + 8c^2) + (8a^2 + 8b^2) + (8b^2 + 8c^2) + (8c^2 + 8a^2)}$$

$$= \frac{2}{3}\left(a^2 + b^2 + c^2\right) \qquad \qquad \Box$$

76. 设 $a, b, c \geqslant 0$, 满足

$$a^2 + b^2 + c^2 + abc = 4$$

证明:

$$0 \leqslant ab + bc + ca - abc \leqslant 2$$

Titu Andreescu – USAMO 2001

证法一 首先,注意到 a, b, c 不能均大于 1, 不妨设 $a \leqslant 1$. 于是

$$ab + bc + ca - abc = a(b + c) + bc(1 - a) \geqslant 0$$

现在证明上界,不妨设 b 和 c 同时大于或等于 1 或者同时小于或等于 1,于是

$$(b - 1)(c - 1) \geqslant 0$$

从所给方程中解出 a,得到

$$a = \frac{\sqrt{(4 - b^2)(4 - c^2)} - bc}{2}$$

因此

$$ab + bc + ca - abc = -a(b - 1)(c - 1) + a + bc \leqslant a + bc$$

$$= \frac{\sqrt{(4 - b^2)(4 - c^2)} + bc}{2}$$

根据柯西-施瓦茨不等式,有

$$\frac{\sqrt{(4 - b^2)(4 - c^2)} + bc}{2} \leqslant \frac{\sqrt{(4 - b^2 + b^2)(4 - c^2 + c^2)}}{2} = 2$$

于是完成了证明. $\qquad \Box$

证法二 下界的证明和证法一相同. 现在假设三个变量 a, b, c 中有两个同时大于或等于 1 或者同时小于或等于 1,不妨设为 b 和 c. 于是有

$$(1 - b)(1 - c) \geqslant 0$$

103

由所给不等式 $a^2 + b^2 + c^2 + abc = 4$ 和不等式 $b^2 + c^2 \geqslant 2bc$ 得出

$$a^2 + 2bc + abc \leqslant 4$$

即

$$bc(2+a) \leqslant 4 - a^2$$

上式两边同时除以 $2+a$，得出

$$bc \leqslant 2 - a$$

因此

$$ab + bc + ca - abc \leqslant ab + 2 - a + ac(1-b)$$
$$= 2 - a(1 + bc - b - c)$$
$$= 2 - a(1-b)(1-c) \leqslant 2$$

最后的不等式中的等号成立当且仅当 $b = c$ 并且 $a(1-b)(1-c) = 0$. 因此上界中的等号成立当且仅当

$$(a,b,c) \in \left\{ (1,1,1), \left(0, \sqrt{2}, \sqrt{2}\right), \left(\sqrt{2}, 0, \sqrt{2}\right), \left(\sqrt{2}, \sqrt{2}, 0\right) \right\}$$

下界中的等号成立当且仅当

$$(a,b,c) \in \{(2,0,0), (0,2,0), (0,0,2)\} \qquad \Box$$

证法三　下界的证明和证法一相同. 显然有 $a, b, c \leqslant 2$. 若 $abc = 0$，则要证的不等式是平凡的. 假设 $a, b, c > 0$. 解出 a 得到

$$a = \frac{-bc + \sqrt{b^2 c^2 - 4(b^2 + c^2 - 4)}}{2} = \frac{-bc + \sqrt{(4-b^2)(4-c^2)}}{2}$$

这里可以用三角代换 $b = 2\sin u, c = 2\sin v, u, v \in \left(0, \frac{\pi}{2}\right)$. 于是有

$$a = 2(-\sin u \sin v + \cos u \cos v) = 2\cos(u+v)$$

然后我们设 $u = \frac{B}{2}, v = \frac{C}{2}$，得到

$$a = 2\sin\frac{A}{2}, b = 2\sin\frac{B}{2}, c = \sin\frac{C}{2}$$

其中 A, B, C 为某个三角形的三个内角. 我们有

$$ab = 4\sin\frac{A}{2}\sin\frac{B}{2}$$

$$= 2\sqrt{\sin A\tan\frac{A}{2}\sin B\tan\frac{B}{2}}$$

$$= 2\sqrt{\sin A\tan\frac{B}{2}\sin B\tan\frac{A}{2}}$$

$$\leqslant \sin A\tan\frac{B}{2} + \sin B\tan\frac{A}{2}$$

$$= \sin A\cot\frac{A+C}{2} + \sin B\cot\frac{B+C}{2}$$

其中不等号从均值不等式得到. 类似地,有

$$bc \leqslant \sin B\cot\frac{B+A}{2} + \sin C\cot\frac{C+A}{2},$$

$$ca \leqslant \sin A\cot\frac{A+B}{2} + \sin C\cot\frac{C+B}{2}$$

因此

$$ab + bc + ca \leqslant (\sin A + \sin B)\cot\frac{A+B}{2} + (\sin B + \sin C)\cot\frac{B+C}{2}$$

$$+ (\sin C + \sin A)\cot\frac{C+A}{2}$$

$$= 2\left(\cos\frac{A-B}{2}\cos\frac{A+B}{2} + \cos\frac{B-C}{2}\cos\frac{B+C}{2}\right.$$

$$\left. + \cos\frac{C-A}{2}\cos\frac{C+A}{2}\right)$$

$$= 2(\cos A + \cos B + \cos C)$$

$$= 6 - 4\left(\sin^2\frac{A}{2} + \sin^2\frac{B}{2} + \sin^2\frac{C}{2}\right)$$

$$= 6 - (a^2 + b^2 + c^2) = 2 + abc$$

证毕. □

77. 设 a, b, c 是正实数. 证明:

$$\frac{(2a+b+c)^2}{2a^2+(b+c)^2} + \frac{(2b+c+a)^2}{2b^2+(c+a)^2} + \frac{(2c+a+b)^2}{2c^2+(a+b)^2} \leqslant 8$$

Titu Andreescu, 冯祖鸣 – *USAMO* 2003

证法一 因为所有的项是齐次的,我们可以不妨设 $a+b+c=3$. 现在左端变成

$$\sum \frac{(a+3)^2}{2a^2+(3-a)^2} = \sum \frac{a^2+6a+9}{3a^2-6a+9} = \sum \left(\frac{1}{3} + \frac{8a+6}{3a^2-6a+9} \right)$$

注意到

$$3a^2 - 6a + 9 = 3(a-1)^2 + 6 \geqslant 6$$

于是

$$\frac{8a+6}{3a^2-6a+9} \leqslant \frac{8a+6}{6}$$

然后有

$$\sum \frac{(a+3)^2}{2a^2+(3-a)^2} \leqslant \sum \left(\frac{1}{3} + \frac{8a+6}{6} \right) = 1 + \frac{8(a+b+c)+18}{6} = 8$$

证毕. $\square$

证法二 给定三个变量的函数 f,定义轮换和为

$$\sum_{\text{cyc}} f(p,q,r) = f(p,q,r) + f(q,r,p) + f(r,p,q)$$

将常数 8 分配到三项中,得到等价的形式

$$\sum_{\text{cyc}} \frac{4a^2 - 12a(b+c) + 5(b+c)^2}{3(2a^2+(b+c)^2)} \geqslant 0. \tag{1}$$

求和项的分子可以因式分解为 $(2a-x)(2a-5x)$,其中 $x=b+c$. 我们将证明

$$\frac{(2a-x)(2a-5x)}{3(2a^2+x^2)} \geqslant -\frac{4(2a-x)}{3(a+x)}. \tag{2}$$

实际上,式 (2) 等价于

$$(2a-x)((2a-5x)(a+x)+4(2a^2+x^2)) \geqslant 0$$

化简为

$$(2a-x)(10a^2-3ax-x^2) = (2a-x)^2(5a+x) \geqslant 0$$

显然成立. 我们于是证明了

$$\frac{4a^2 - 12a(b+c) + 5(b+c)^2}{3(2a^2+(b+c)^2)} \geqslant -\frac{4(2a-b-c)}{3(a+b+c)}$$

因此式 (1) 成立. 等号成立当且仅当 $2a=b+c$, $2b=c+a$, $2c=a+b$, 即 $a=b=c$. $\square$

证法三 由于不等式是齐次的,因此可以假设 $a+b+c=1$,于是 $0<a,b,c<1$. 不等式左端的第一项可以写成

$$f(a)=\frac{(a+1)^2}{2a^2+(1-a)^2}=\frac{a^2+2a+1}{3a^2-2a+1}$$

注意到当 $a=b=c=\dfrac{1}{3}$ 时不等式等号成立. 将函数 $f(x)$ 在 $[0,1]$ 上粗略画出,猜测曲线都在 $x=\dfrac{1}{3}$ 处切线的下方,切线的方程为

$$y=\frac{12x+4}{3}$$

所以我们要证明

$$f(a)=\frac{a^2+2a+1}{3a^2-2a+1}\leqslant\frac{12a+4}{3},0<a<1$$

去掉分母,这等价于

$$36a^3-15a^2-2a+1\geqslant 0$$

注意到曲线和直线相切于 $\dfrac{1}{3}$,因此上面多项式应该有 $(3a-1)^2$ 为因子. 于是上式分解为

$$36a^3-15a^2-2a+1=(3a-1)^2(4a+1)\geqslant 0$$

显然对 $0<a<1$ 成立. 将关于 b 和 c 的类似不等式相加,得到

$$f(a)+f(b)+f(c)\leqslant\frac{12(a+b+c)+12}{3}=8$$

$\square$

78. 设 a,b,c 是正实数. 证明:

$$(a^5-a^2+3)(b^5-b^2+3)(c^5-c^2+3)\geqslant(a+b+c)^3$$

Titu Andreescu – USAMO 2004

证明 我们首先注意到,对正数 x,有 $x^5+1\geqslant x^3+x^2$. 我们可以用如下三种方法证明这一点:

(1) 由于 $x^2\geqslant 1\iff x^3\geqslant 1$,因此排序不等式给出

$$x^2\cdot x^3+1\cdot 1\geqslant x^2\cdot 1+1\cdot x^3$$

(2) 由于 x^2-1 和 x^3-1 符号相同,因此有

$$0\leqslant(x^2-1)(x^3-1)=x^5-x^3-x^2+1$$

(3) 根据均值不等式, 有

$$\frac{2}{5}x^5 + \frac{3}{5} \geqslant x^2, \; \frac{3}{5}x^5 + \frac{2}{5} \geqslant x^3$$

相加得到要证的不等式. 也可以说, 要证的不等式是米尔黑德不等式的一个特例.

现在只需证明

$$(a^3 + 2)(b^3 + 2)(c^3 + 2) \geqslant (a + b + c)^3$$

我们给出两个证明:

(1) 根据赫尔德不等式, 有

$$(m_{1,1} + m_{1,2} + m_{1,3})(m_{2,1} + m_{2,2} + m_{2,3})(m_{3,1} + m_{3,2} + m_{3,3})$$

$$\geqslant \left((m_{1,1}m_{1,2}m_{1,3})^{\frac{1}{3}} + (m_{2,1}m_{2,2}m_{2,3})^{\frac{1}{3}} + (m_{3,1}m_{3,2}m_{3,3})^{\frac{1}{3}} \right)^3$$

取 $m_{1,1} = a^3, m_{2,2} = b^3, m_{3,3} = c^3$ 以及 $x \neq y$ 时取 $m_{x,y} = 1$. 等号成立当且仅当 $a = b = c = 1$.

(2) 取 $x = \sqrt{a}, y = \sqrt{b}, z = \sqrt{c}$. 于是 x, y, z 中有两个同时小于或等于 1 或者有两个同时大于或等于 1. 不妨设 x 和 y 满足这个条件. 于是序列 $(x, 1, 1)$ 和 $(1, 1, y)$ 的排序相反, 切比雪夫不等式给出

$$(x^6 + 1 + 1)(1 + 1 + y^6) \geqslant 3(x^6 + 1 + y^6)$$

然后根据柯西不等式, 我们有

$$(x^6 + 1 + y^6)(1 + z^6 + 1) \geqslant (x^3 + y^3 + z^3)^2$$

再次使用切比雪夫不等式和柯西不等式, 分别得到

$$3(x^3 + y^3 + z^3) \geqslant (x^2 + y^2 + z^2)(x + y + z)$$

和

$$(x^3 + y^3 + z^3)(x + y + z) \geqslant (x^2 + y^2 + z^2)^2$$

将上面四个不等式相乘, 得到

$$(x^6 + 2)(y^6 + 2)(z^6 + 2) \geqslant (x^2 + y^2 + z^2)^3$$

当且仅当 $x = y = z = 1$ 时, 等号成立. $\qquad\qquad\Box$

79. 对满足条件 $a+b+c+d=4$ 的非负实数 a,b,c,d，求

$$\frac{a}{b^3+4}+\frac{b}{c^3+4}+\frac{c}{d^3+4}+\frac{d}{a^3+4}$$

的最小值.

Titu Andreescu – USAMO 2017

解 注意到不等式

$$\frac{1}{b^3+4}\geqslant\frac{1}{4}-\frac{b}{12}$$

成立,因为式子通分后有

$$12-(3-b)(b^3+4)=b(b+1)(b-2)^2\geqslant 0$$

进一步有

$$ab+bc+cd+da=(a+c)(b+d)\leqslant\left(\frac{(a+c)+(b+d)}{2}\right)^2=4$$

因此

$$\sum_{\text{cyc}}\frac{a}{b^3+4}\geqslant\frac{a+b+c+d}{4}-\frac{ab+bc+cd+da}{12}\geqslant 1-\frac{1}{3}=\frac{2}{3}$$

当 $(a,b,c,d)=(2,2,0,0)$ 或其排列时取到最小值. $\qquad\square$

80. 设 n 是正整数. 求最大的常数 $c_n>0$,使得对所有正实数 $x_1,\cdots,x_n$,有

$$\frac{1}{x_1^2}+\cdots+\frac{1}{x_n^2}+\frac{1}{(x_1+\cdots+x_n)^2}\geqslant c_n\left(\frac{1}{x_1}+\cdots+\frac{1}{x_n}+\frac{1}{x_1+\cdots+x_n}\right)^2$$

Titu Andreescu, Dorin Andrica – 数学反思 U193

解 如果对所有 k 取 $x_k=\dfrac{1}{n}$,那么得到

$$c_n\leqslant\frac{n^3+1}{(n^2+1)^2}$$

反之,我们证明不等式对于这个 c_n 成立,于是它是最大的常数. 根据齐次性,我们可以设 $\sum_{i=1}^{n}x_i=1$. 设 $a_k=\dfrac{1}{x_k}$. 可以得到不等式

$$n\sum_{k=1}^{n}a_k^2\geqslant\left(\sum_{k=1}^{n}a_k\right)^2,\ \sum_{k=1}^{n}a_k^2\geqslant n^3,\ \sum_{k=1}^{n}a_k^2+n^3\geqslant 2n\sum_{k=1}^{n}a_k$$

第一个不等式是柯西不等式, 第二个不等式是幂平均不等式, 第三个不等式是将 $\sum\limits_{k=1}^{n}(a_k-n)^2 \geqslant 0$ 展开得到. 将第一个不等式乘以 n^3+1, 第二个不等式乘以 $\dfrac{(n^2+1)(n-1)}{n}$, 第三个不等式乘以 $\dfrac{n^3+1}{n}$, 然后相加, 经过代数计算得到

$$(n^2+1)^2\left(\sum_{k=1}^{n}a_k^2+1\right) \geqslant (n^3+1)\left(\sum_{k=1}^{n}a_k+1\right)^2$$

将 $a_k=\dfrac{1}{x_k}$ 代入, 这恰好给出了 $c_n=\dfrac{n^3+1}{(n^2+1)^2}$ 时相关的不等式. $\qquad\square$

数列和级数

81. 设 $s_1, s_2, \cdots, s_{25}$ 是某 25 个连续整数的平方. 证明:

$$\frac{s_1 + s_2 + \cdots + s_{25}}{25} - 52$$

也是整数的平方.

Titu Andreescu – AwesomeMath 入学测试 2007

证明 设 $s_1 = n^2, s_2 = (n+1)^2, \cdots, s_{25} = (n+24)^2$. 于是有

$$
\begin{aligned}
\frac{s_1 + s_2 + \cdots + s_{25}}{25} - 52 &= \frac{n^2 + (n+1)^2 + \cdots + (n+24)^2}{25} - 52 \\
&= \frac{25n^2 + 24 \cdot 25n + \dfrac{1}{6} \cdot 24 \cdot 25 \cdot 49}{25} - 52 \\
&= n^2 + 24n + 196 - 52 \\
&= (n+12)^2
\end{aligned}
$$

完成了证明. □

82. 设 n 是正整数. 计算 $\displaystyle\sum_{k=1}^{n} \frac{(n+k)^4}{n^3 + k^3}$.

Titu Andreescu – 数学反思 S481

解 多项式带余除法给出

$$\frac{(n+k)^4}{n^3 + k^3} = \frac{k^3 + 3nk^2 + 3n^2k + n^3}{k^2 - nk + n^2} = k + 4n + 3n^2 r_k$$

其中

$$r_k = \frac{2k - n}{k^2 - nk + n^2}$$

注意到

$$r_{n-i} = \frac{2(n-i) - n}{(n-i)^2 - n(n-i) + n^2} = \frac{n - 2i}{i^2 - ni + n^2} = -r_i$$

因此

$$\sum_{k=1}^{n} r_k \overset{k=n-i}{=\!=\!=} \sum_{i=0}^{n-1} r_{n-i} = r_n - r_0 + \sum_{i=1}^{n} r_{n-i} = \frac{2}{n} - \sum_{i=1}^{n} r_i$$

所以有 $\sum_{k=1}^{n} r_k = \dfrac{1}{n}$，然后得到

$$\sum_{k=1}^{n} \frac{(n+k)^4}{n^3+k^3} = \sum_{k=1}^{n} (k + 4n + 3n^2 r_k) = \frac{n(n+1)}{2} + 4n^2 + 3n = \frac{n(9n+7)}{2} \qquad \square$$

83. 设 $a_0 = 1, a_{n+1} = a_0 \cdots a_n + 3, n \geqslant 0$. 证明:

$$a_n + \sqrt[3]{1 - a_n a_{n+1}} = 1, n \geqslant 1$$

Titu Andreescu – AwesomeMath 入学测试 2010

证明 注意到 $a_{n+1} = a_0 \cdots a_n + 3 = (a_n - 3)a_n + 3 = a_n^2 - 3a_n + 3$. 因此

$$a_n + \sqrt[3]{1 - a_n a_{n+1}} = a_n + \sqrt[3]{1 - a_n(a_n^2 - 3a_n + 3)} = a_n + \sqrt[3]{(1-a_n)^3} = 1$$

这样就完成了证明. $\qquad \square$

84. 设 $a_1 = a_2 = 97$,

$$a_{n+1} = a_n a_{n-1} + \sqrt{(a_n^2 - 1)(a_{n-1}^2 - 1)}, n > 1$$

证明:

(1) $2 + 2a_n$ 是完全平方数.

(2) $2 + \sqrt{2 + 2a_n}$ 是完全平方数.

Titu Andreescu – USAMO 预选题 1997

证明 根据表达式 $a^2 - 1$ 和 $2 + 2a$, 猜测可以用变量代换

$$a = \frac{1}{2}\left(b^2 + \frac{1}{b^2}\right)$$

等式 $\frac{1}{2}\left(b^2 + \frac{1}{b^2}\right) = 97$ 得出 $\left(b + \frac{1}{b}\right)^2 = 196$, 于是 $b + \frac{1}{b} = 14$. 设 $b = c^2$, 则 $\left(c + \frac{1}{c}\right)^2 = 16$, 因此 $c + \frac{1}{c} = 4$. 可以取 $c = 2 + \sqrt{3}$. 我们用归纳法证明

$$a_n = \frac{1}{2}\left(c^{4F_n} + \frac{1}{c^{4F_n}}\right), n \geqslant 1$$

其中 F_n 是第 n 个斐波那契数.

当 $n=1$ 和 $n=2$ 时,这显然成立. 假设

$$a_k = \frac{1}{2}\left(c^{4F_k} + \frac{1}{c^{4F_k}}\right), \, k \leqslant n$$

于是有

$$a_{n+1} = \frac{1}{4}\left(c^{4F_n} + \frac{1}{c^{4F_n}}\right)\left(c^{4F_{n-1}} + \frac{1}{c^{4F_{n-1}}}\right) + \frac{1}{4}\left(c^{4F_n} - \frac{1}{c^{4F_n}}\right)\left(c^{4F_{n-1}} - \frac{1}{c^{4F_{n-1}}}\right)$$

$$= \frac{1}{2}\left(c^{4F_{n+1}} + \frac{1}{c^{4F_{n+1}}}\right)$$

归纳完成. 于是有

$$2 + 2a_n = 2 + c^{4F_n} + \frac{1}{c^{4F_n}} = \left(c^{2F_n} + \frac{1}{c^{2F_n}}\right)^2$$

以及

$$2 + \sqrt{2 + 2a_n} = 2 + c^{2F_n} + \frac{1}{c^{2F_n}} = \left(c^{F_n} + \frac{1}{c^{F_n}}\right)^2$$

现在只需证明对任意正整数 m,$c^m + \dfrac{1}{c^m}$ 都是整数. 注意到 $\dfrac{1}{c} = 2 - \sqrt{3}$,因此二项式定理给出

$$c^m + \frac{1}{c^m} = 2\sum_{k=0}^{\lfloor \frac{m}{2} \rfloor} \binom{m}{2k} 3^k 2^{m-2k}$$

为整数. □

注 还可以注意到,序列 $x_m = c^m + \dfrac{1}{c^m}$ 满足

$$x_0 = 2, \, x_1 = 4, \, x_n = 4x_{n-1} - x_{n-2}, \, n \geqslant 2$$

因此 $x_m(m \geqslant 0)$ 为整数.

85. 设 a 是大于 1 的实数. 计算

$$\frac{1}{a^2 - a + 1} - \frac{2a}{a^4 - a^2 + 1} + \frac{4a^3}{a^8 - a^4 + 1} - \frac{8a^7}{a^{16} - a^8 + 1} + \cdots$$

Titu Andreescu – 数学反思 U247

解 设

$$S_n = \sum_{k=1}^{n} (-1)^{k-1} \frac{2^{k-1} a^{2^{k-1}-1}}{a^{2^k} - a^{2^{k-1}} + 1}$$

将恒等式组

$$\frac{1}{a^2-a+1} - \frac{1}{a^2+a+1} = \frac{2a}{a^4+a^2+1}$$

$$-\frac{2a}{a^4-a^2+1} + \frac{2a}{a^4+a^2+1} = -\frac{4a^3}{a^8+a^4+1}$$

$$\vdots$$

$$(-1)^{n-1}\frac{2^{n-1}a^{2^{n-1}-1}}{a^{2^n}-a^{2^{n-1}}+1} + (-1)^n\frac{2^{n-1}a^{2^{n-1}-1}}{a^{2^n}+a^{2^{n-1}}+1} = (-1)^{n+1}\frac{2^n a^{2^n-1}}{a^{2^{n+1}}+a^{2^n}+1}$$

两侧分别求和,得到

$$S_n - \frac{1}{a^2+a+1} = (-1)^{n+1}\frac{2^n a^{2^n-1}}{a^{2^{n+1}}+a^{2^n}+1}$$

现在有

$$0 \leqslant \left| (-1)^{n+1}\frac{2^n a^{2^n-1}}{a^{2^{n+1}}+a^{2^n}+1} \right| \leqslant \frac{2^n a^{2^n}}{a^{2^{n+1}}} = \frac{2^n}{a^{2^n}}$$

而且当 $n \to \infty$ 时, $\frac{2^n}{a^{2^n}} \to 0$. 因此

$$\sum_{k=1}^{\infty}(-1)^{k-1}\frac{2^{k-1}a^{2^{k-1}-1}}{a^{2^k}-a^{2^{k-1}}+1} = \lim_{n\to\infty} S_n = \frac{1}{a^2+a+1}$$

$\square$

86. 计算 $\displaystyle\sum_{i=1}^{\infty}\sum_{j=1}^{\infty}\frac{i!j!}{(i+j+1)!}$.

Titu Andreescu – 数学反思 U61

解法一 对每个 i,有

$$\frac{j!}{(i+j+1)!} = \frac{1}{(j+1)(j+2)\cdots(j+i+1)}$$

$$= \frac{1}{i}\left(\frac{1}{(j+1)(j+2)\cdots(j+i)} - \frac{1}{(j+2)(j+3)\cdots(j+i+1)} \right)$$

因此

$$\sum_{i=1}^{\infty}\sum_{j=1}^{\infty}\frac{i!j!}{(i+j+1)!} = \sum_{i=1}^{\infty}\left(i! \cdot \sum_{j=1}^{\infty}\frac{j!}{(i+j+1)!} \right)$$

$$= \sum_{i=1}^{\infty}\left(i! \cdot \frac{1}{i(i+1)!} \right) = \sum_{i=1}^{\infty}\frac{1}{i(i+1)} = \sum_{i=1}^{\infty}\left(\frac{1}{i} - \frac{1}{i+1} \right) = 1$$

$\square$

解法二 β 函数给出

$$\int_0^1 t^i(1-t)^j \mathrm{d}t = \frac{i!j!}{(i+j+1)!}$$

因此我们可以计算

$$\sum_{i=1}^{\infty}\sum_{j=1}^{\infty}\frac{i!j!}{(i+j+1)!} = \sum_{i=1}^{\infty}\sum_{j=1}^{\infty}\int_0^1 t^i(1-t)^j \mathrm{d}t$$

$$= \int_0^1 \frac{t}{1-t}\cdot\frac{1-t}{1-(1-t)}\mathrm{d}t = \int_0^1 \mathrm{d}t = 1$$

$\square$

87. 计算

$$\sum_{n\geqslant 0}\frac{2^n}{2^{2^n}+1}$$

Titu Andreescu – 数学反思 U320

解 对所有非负整数 N,记

$$S_N = \sum_{n=0}^{N}\frac{2^n}{2^{2^n}+1}$$

我们证明对所有正整数 N,有

$$S_N = 1 - \frac{2^{N+1}}{2^{2^{N+1}}-1}$$

由于

$$S_0 = \frac{1}{3} = 1-\frac{2}{3} = 1-\frac{2^1}{2^{2^1}-1},\ S_1 = S_0 + \frac{2}{5} = 1-\frac{4}{15} = 1-\frac{2^2}{2^{2^2}-1}$$

因此结果对 $N=0$ 和 $N=1$ 显然成立. 假设结果对 $N-1$ 成立,那么对于 N,我们有

$$S_N = S_{N-1} + \frac{2^N}{2^{2^N}+1} = 1-2^N\frac{(2^{2^N}+1)-(2^{2^N}-1)}{(2^{2^N}+1)(2^{2^N}-1)} = 1-\frac{2^{N+1}}{2^{2\cdot 2^N}-1}$$

由归纳法原理,结果对所有非负整数 N 成立.

于是得到

$$\sum_{n\geqslant 0}\frac{2^n}{2^{2^n}+1} = \lim_{N\to\infty}S_{N-1} = 1-\lim_{N\to\infty}\frac{2^N}{2^{2^N}-1} = 1-\lim_{x\to\infty}\frac{x}{2^x-1} = 1$$

其中 $x=2^N$,我们利用了熟知结果:指数函数增长速度远大于线性函数. $\square$

88. 计算

$$\sum_{n=1}^{\infty} \frac{16n^2 - 12n + 1}{n(4n-2)!}$$

Titu Andreescu, Oleg Mushkarov – 数学反思 U322

解 注意到

$$\frac{16n^2 - 12n + 1}{n(4n-2)!} = \frac{4n(4n-3)}{n(4n-2)!} + \frac{1}{n(4n-2)!}$$

$$= 4 \cdot \frac{4n-3}{(4n-2)!} + 4 \cdot \frac{4n-1}{(4n)!}$$

$$= 4\left(\frac{1}{(4n-3)!} - \frac{1}{(4n-2)!} + \frac{1}{(4n-1)!} - \frac{1}{(4n)!} \right)$$

于是有

$$\sum_{n=1}^{\infty} \frac{16n^2 - 12n + 1}{n(4n-2)!} = 4\sum_{n=1}^{\infty} \left(\frac{1}{(4n-3)!} - \frac{1}{(4n-2)!} + \frac{1}{(4n-1)!} - \frac{1}{(4n)!} \right)$$

$$= 4\sum_{n=1}^{\infty} (-1)^{n-1} \frac{1}{n!} = 4\left(1 - \sum_{n=0}^{\infty} (-1)^n \frac{1}{n!} \right)$$

$$= 4\left(1 - \frac{1}{e} \right)$$

$\square$

89. 计算

$$\sum_{n=0}^{\infty} \frac{3^n(2^{3^n-1} + 1)}{4^{3^n} + 2^{3^n} + 1}$$

Titu Andreescu – 数学反思 U344

解 对于非负整数 n, 有

$$\frac{3^n(2^{3^n} + 2)}{4^{3^n} + 2^{3^n} + 1} - \frac{3^n}{2^{3^n} - 1} = 3^n \cdot \frac{(2^{3^n} + 2)(2^{3^n} - 1) - 4^{3^n} - 2^{3^n} - 1}{8^{3^n} - 1}$$

$$= -\frac{3^{n+1}}{2^{3^{n+1}} - 1}$$

因此对于非负整数 N, 裂项求和得到

$$\sum_{n=0}^{N} \frac{3^n(2^{3^n-1} + 1)}{4^{3^n} + 2^{3^n} + 1} = \sum_{n=0}^{N} \frac{1}{2}\left(\frac{3^n}{2^{3^n} - 1} - \frac{3^{n+1}}{2^{3^{n+1}} - 1} \right)$$

$$= \frac{1}{2}\left(1 - \frac{3^{N+1}}{2^{3^{N+1}} - 1} \right)$$

由于对于较大的 x, 2^x 远大于 x, 因此得到

$$\sum_{n=0}^{\infty} \frac{3^n(2^{3^n-1}+1)}{4^{3^n}+2^{3^n}+1} = \lim_{N\to\infty} \frac{1}{2}\left(1 - \frac{3^{N+1}}{2^{3^{N+1}}-1}\right) = \frac{1}{2}$$

□

90. 计算

$$\sum_{n\geqslant 2} \frac{(-1)^n(n^2-n+1)^3}{(n-2)!+(n+2)!}$$

Titu Andreescu – 数学反思 U457

解 我们有

$$\sum_{n\geqslant 2} \frac{(-1)^n(n^2+n-1)^3}{(n-2)!+(n+2)!}$$

$$= \sum_{n\geqslant 2} \frac{(-1)^n(n^2+n-1)^3}{(n-2)!(1+(n-1)n(n+1)(n+2))}$$

$$= \sum_{n\geqslant 2} \frac{(-1)^n(n^2+n-1)^3}{(n-2)!(n^2+n-1)^2}$$

$$= \sum_{n\geqslant 2} \frac{(-1)^n(n^2+n-1)}{(n-2)!}$$

$$= \sum_{n\geqslant 4} \frac{(-1)^n(n-2)(n-3)}{(n-2)!} + 6\sum_{n\geqslant 3} \frac{(-1)^n(n-2)}{(n-2)!} + 5\sum_{n\geqslant 2} \frac{(-1)^n}{(n-2)!}$$

$$= \frac{1}{e} - \frac{6}{e} + \frac{5}{e} = 0$$

□

117

多 项 式

91. 考虑复系数多项式

$$P(x) = x^n + a_1 x^{n-1} + \cdots + a_n, \quad Q(x) = x^n + b_1 x^{n-1} + \cdots + b_n$$

分别有零点 $x_1, x_2, \cdots, x_n$ 和 $x_1^2, x_2^2, \cdots, x_n^2$. 证明: 若 $a_1 + a_3 + a_5 + \cdots$ 和 $a_2 + a_4 + a_6 + \cdots$ 都是实数, 则 $b_1 + b_2 + \cdots + b_n$ 也是实数.

Titu Andreescu – 蒂米什瓦拉数学杂志 2864

证明 由于

$$P(x) = (x - x_1) \cdots (x - x_n)$$

$$(-1)^n P(-x) = (x + x_1) \cdots (x + x_n)$$

我们有

$$(-1)^n P(x) P(-x) = (x^2 - x_1^2) \cdots (x^2 - x_n^2) = Q(x^2)$$

题目假设给出 $a_1 + \cdots + a_n$ 和 $a_1 - a_2 + \cdots + (-1)^{n-1} a_n$ 为实数. 于是 $P(1)$ 和 $P(-1)$ 是实数, $Q(1) = (-1)^n P(1) P(-1)$ 也是实数, 最后 $b_1 + b_2 + \cdots + b_n = Q(1) - 1$ 也是实数. $\square$

92. 求所有的不同正整数构成的数对 (a, b), 使得存在整系数多项式 P, 满足

$$P(a^3) + 7(a + b^2) = P(b^3) + 7(b + a^2)$$

Titu Andreescu – 数学反思 U421

解 将方程改写为

$$P(a^3) - P(b^3) = 7(b + a^2 - a - b^2) = 7(a - b)(a + b - 1)$$

由于 $P(x)$ 是整系数方程, 因此有

$$a^3 - b^3 \mid P(a^3) - P(b^3)$$

118

于是

$$a^3 - b^3 \mid 7(a-b)(a+b-1)$$

因为 $a \neq b$, 所以得到

$$a^2 + ab + b^2 \mid 7(a+b-1)$$

我们可以假设 $a > b$, 然后得到

$$7(a+b-1) \geqslant a^2 + ab + b^2 = (a+b-1)(a+1) + b^2 - b + 1 > (a+b-1)(a+1)$$

因此得到 $7 > a+1$, 于是 $b < a < 6$. 进一步的简单计算表明 $b = 1, a = 2$ 以及 $b = 3, a = 5$ 是唯一的可能. 如果 $a = 2, b = 1$ 或者 $a = 1, b = 2$, 那么我们可以取 $P(x) = 2x$. 如果 $a = 5, b = 3$ 或者 $a = 3, b = 5$, 那么我们可以取 $P(x) = x$.

满足题目条件的数对 (a,b) 为 $(2,1), (1,2), (5,3), (3,5)$. □

93. 设 P 是整系数非常数多项式. 证明: 对任意正整数 n, 存在两两互素的正整数 $k_1, k_2, \cdots, k_n > 1$, 以及正整数 m, 使得 $k_1 k_2 \cdot \cdots \cdot k_n = |P(m)|$.

Titu Andreescu – 数学反思 U450

证法一 我们用归纳法证明. $n = 1$ 的情形是显然的. 假设我们已经得到两两互素的整数 $k_1, \cdots, k_n$ 和正整数 m, 使得

$$k_1 k_2 \cdots k_n = |P(m)|$$

对正整数 j, 设

$$x_j = m + j(k_1 k_2 \cdot \cdots \cdot k_n)^2, \quad a_j = \frac{|P(x_j)|}{|P(m)|}$$

注意到 $P(x_j) - P(m)$ 被 $x_j - m$ 整除, 因此也是

$$(k_1 k_2 \cdot \cdots \cdot k_n)^2 = |P(m)|^2$$

的倍数. 于是 a_j 是整数, 并且 $a_j \equiv \pm 1 \pmod{k_1 k_2 \cdots k_n}$. 特别地, $k_1, \cdots, k_n, a_j$ 对所有 j 都是两两互素的整数. 由于 P 不是常数, 因此存在 j, 使得 $a_j > 1$ (每个方程 $P(m + x(k_1 \cdot \cdots \cdot k_n)^2) = bP(m), b = 0, \pm 1$, 都只有有限组解). 取 $k_{n+1} = a_j$, $m' = x_j$, 我们得到

$$k_1 k_2 \cdot \cdots \cdot k_{n+1} = |P(m')|$$

完成了证明. □

证法二 根据舒尔定理,存在不同的素数 $p_1, p_2, \cdots, p_n$ 以及正整数 $m_1, m_2, \cdots, m_n$,使得

$$p_j \mid P(m_j), j = 1, 2, \cdots, n$$

根据中国剩余定理,存在正整数 m,使得

$$m \equiv m_j \pmod{p_j}, j = 1, 2, \cdots, n$$

于是对所有 $1 \leqslant j \leqslant n$,有

$$P(m) \equiv P(m_i) \equiv 0 \pmod{p_i}$$

所以 $p_1 p_2 \cdots p_n$ 整除 $P(m)$. 这样我们得到

$$|P(m)| = p_1^{\alpha_1} p_2^{\alpha_2} \cdots p_n^{\alpha_n} \cdot A$$

其中 $\alpha_1, \alpha_2, \cdots, \alpha_n > 0, A \in \mathbb{Z}^+$ 与 $p_1 \cdots p_n$ 互素. 取

$$k_1 = p_1^{\alpha_1}, k_2 = p_2^{\alpha_2}, \cdots, k_{n-1} = p_{n-1}^{\alpha_{n-1}}, k_n = p_n^{\alpha_n} \cdot A$$

就有 $k_1 k_2 \cdots k_n = |P(m)|$,并且对 $i \neq j$,有 $(k_i, k_j) = 1$. □

94. 设 x_1, x_2, x_3, x_4 是多项式 $2\,018x^4 + x^3 + 2\,018x^2 - 1$ 的根. 计算

$$(x_1^2 - x_1 + 1)(x_2^2 - x_2 + 1)(x_3^2 - x_3 + 1)(x_4^2 - x_4 + 1)$$

Titu Andreescu – 数学反思 U451

解法一 *根据代数基本定理得到

$$(x - x_1)(x - x_2)(x - x_3)(x - x_4) = x^4 + \frac{1}{2\,018}x^3 + x^2 - \frac{1}{2\,018}$$

另一方面,由于

$$(x^2 - x + 1) = (x - \omega)(x - \overline{\omega})$$

其中 $\omega = \frac{1}{2}\left(1 + \sqrt{-3}\right)$,满足 $\omega^2 - \omega + 1 = 0$,因此有

$$\prod_{i=1}^{4}(x_i^2 - x_i + 1) = \prod_{i=1}^{4}\left((x_i - \omega)(x_i - \overline{\omega})\right) = \prod_{i=1}^{4}(x_i - \omega)\prod_{i=1}^{4}(x_i - \overline{\omega})$$

$$= \left(\omega^4 + \frac{1}{2\,018}\omega^3 + \omega^2 - \frac{1}{2\,018}\right)\left(\overline{\omega}^4 + \frac{1}{2\,018}\overline{\omega}^3 + \overline{\omega}^2 - \frac{1}{2\,018}\right)$$

$$= \left(1 + \frac{1}{1\,009}\right)^2 \qquad\qquad □$$

---

*原著的解法一思想上和解法二基本一样,译者将原解答叙述简化一些. ——译者注

解法二 设实数 $a \neq 0, x_1, x_2, x_3, x_4$ 是多项式

$$P(x) = ax^4 + x^3 + ax^2 - 1$$

的根,我们想要计算

$$E = \prod_{i=1}^{4}(x_i^2 - x_i + 1)$$

我们利用复数. 设 $w = \cos\dfrac{\pi}{3} + i\sin\dfrac{\pi}{3}$ 是 -1 的本原三次根. 于是有

$$w^2 - w + 1 = 0, \ w^3 = -1$$

以及因式分解

$$x^2 - x + 1 = (x - w)(x - \overline{w})$$

因此得到

$$E = \prod_{i=1}^{4}\big((x_i - w)(x_i - \overline{w})\big)$$

要计算这个乘积,考虑

$$P(x) = a(x - x_1)(x - x_2)(x - x_3)(x - x_4)$$

于是有 $P(w)P(\overline{w}) = a^2 E$,然后有 $E = \dfrac{P(w)P(\overline{w})}{a^2}$,计算得到

$$P(w) = aw^4 + w^3 + aw^2 - 1 = -aw + aw^2 - 2 = -(a + 2)$$

取共轭,得到 $P(\overline{w}) = -(a+2)$,然后有 $E = \dfrac{(a+2)^2}{a^2}$. 对于我们的问题,$a = 2\,018$,

因此 $E = \dfrac{1\,010^2}{1\,009^2}$. □

解法三 设 M 为矩阵

$$M = \begin{pmatrix} 0 & 1 & 0 & 0 \\ 0 & 0 & 1 & 0 \\ 0 & 0 & 0 & 1 \\ \dfrac{1}{2\,018} & 0 & -1 & -\dfrac{1}{2\,018} \end{pmatrix}$$

M 的特征多项式为

$$p(x) = x^4 + \frac{1}{2\,018}x^3 + x^2 - \frac{1}{2\,018}$$

因此 x_1, x_2, x_3, x_4 为 $\boldsymbol{M}$ 的特征值. 由于 $\boldsymbol{M}$ 的特征值两两不同,因此它可以对角化. 于是可以写成 $\boldsymbol{M} = \boldsymbol{PDP}^{-1}$,其中 $\boldsymbol{D}$ 是对角矩阵,对角元为 (x_1, x_2, x_3, x_4). 现在考虑矩阵

$$\boldsymbol{N} = \boldsymbol{M}^2 - \boldsymbol{M} + \boldsymbol{I} = (\boldsymbol{PDP}^{-1})(\boldsymbol{PDP}^{-1}) - \boldsymbol{PDP}^{-1} + \boldsymbol{PIP}^{-1}$$
$$= \boldsymbol{P}(\boldsymbol{D}^2 - \boldsymbol{D} + \boldsymbol{I})\boldsymbol{P}^{-1}$$

则 $\boldsymbol{N}$ 是对角矩阵,特征值为

$$x_1^2 - x_1 + 1, \ x_2^2 - x_2 + 1, \ x_3^2 - x_3 + 1, \ x_4^2 - x_4 + 1$$

由于特征值的乘积为 $\boldsymbol{N}$ 的行列式,因此有

$$\det \boldsymbol{N} = (x_1^2 - x_1 + 1)(x_2^2 - x_2 + 1)(x_3^2 - x_3 + 1)(x_4^2 - x_4 + 1)$$

因此所求的乘积为

$$
\det \boldsymbol{N} =
\begin{vmatrix}
1 & -1 & 1 & 0 \\
0 & 1 & -1 & 1 \\
\dfrac{1}{2\,018} & 0 & 0 & -\dfrac{2\,019}{2\,018} \\
-\dfrac{2\,019}{2\,018^2} & \dfrac{1}{2\,018} & \dfrac{2\,019}{2\,018} & \dfrac{2\,019}{2\,018^2}
\end{vmatrix}
$$

$$
=
\begin{vmatrix}
1 & -1 & 1 & 2\,019 \\
0 & 1 & -1 & 1 \\
\dfrac{1}{2\,018} & 0 & 0 & 0 \\
-\dfrac{2\,019}{2\,018^2} & \dfrac{1}{2\,018} & \dfrac{2\,019}{2\,018} & -\dfrac{2\,019}{2\,018}
\end{vmatrix}
$$

$$
= \frac{1}{2\,018^2}
\begin{vmatrix}
-1 & 1 & 2\,019 \\
1 & -1 & 1 \\
1 & 2\,019 & -2\,019
\end{vmatrix}
$$

$$
= \frac{1}{2\,018^2}
\begin{vmatrix}
-1 & 1 & 2\,019 \\
0 & 0 & 2\,020 \\
0 & 2\,020 & 0
\end{vmatrix}
$$

$$
= \left(\frac{2\,020}{2\,018}\right)^2
$$

$\square$

95. 设实数 a, b, c, d 满足 $b - d \geqslant 5$,并且多项式 $P(x) = x^4 + ax^3 + bx^2 + cx + d$ 的根 x_1, x_2, x_3, x_4 均为实数. 求乘积

$$(x_1^2 + 1)(x_2^2 + 1)(x_3^2 + 1)(x_4^2 + 1)$$

的最小可能值.

Titu Andreescu – USAMO 2014

解 因为 x_1, x_2, x_3, x_4 是 $P(x)$ 的根,所以

$$P(x) = (x - x_1)(x - x_2)(x - x_3)(x - x_4)$$

于是有

$$
\begin{aligned}
\prod_{k=1}^{4}(x_k^2 + 1) &= \prod_{k=1}^{4}(x_k - \mathrm{i})(x_k + \mathrm{i}) \\
&= P(\mathrm{i})P(-\mathrm{i}) \\
&= (1 - b + d - \mathrm{i}(a - c))(1 - b + d + \mathrm{i}(a - c)) \\
&= (b - d - 1)^2 + (a - c)^2 \\
&\geqslant 16
\end{aligned}
$$

等号当且仅当 $b - d = 5$ 且 $a = c$ 时成立. □

96. 设多项式 $P(x) = x^n + a_1 x^{n-1} + \cdots + a_{n-1}x + 1$ 的根 $x_1, x_2, \cdots, x_n$ 都是正实数. 证明:对任意正实数 t,有

$$(t^2 - tx_1 + x_1^2)(t^2 - tx_2 + x_2^2) \cdot \cdots \cdot (t^2 - tx_n + x_n^2) \geqslant 2^n t^{\frac{n}{2}}|P(t)|$$

Titu Andreescu – 数学反思 U529

证明 首先,我们证明 n 必然是偶数. 否则,若 n 是奇数,则根据韦达定理,$P(x)$ 的正实数根的乘积为 -1,矛盾. 接下来,因为 $t, x_i > 0$,所以根据均值不等式,有

$$t^2 - tx_i + x_i = (t - x_i)^2 + tx_i \geqslant 2|t - x_i|\sqrt{tx_i}, 1 \leqslant i \leqslant n$$

将这些不等式相乘,利用 $\prod_{i=1}^{n} x_i = 1$,得到

$$\prod_{i=1}^{n}(t^2 - tx_i + x_i^2) \geqslant 2^n t^{\frac{n}{2}} \prod_{i=1}^{n}|(t - x_i)|\sqrt{\prod_{i=1}^{n} x_i} = 2^n t^{\frac{n}{2}}|P(t)|$$

现在我们考虑等号成立的条件. 等号成立当且仅当

$$(t - x_i)^2 = tx_i \Leftrightarrow t^2 - 3tx_i + x_i^2 = 0 \Leftrightarrow t = \frac{(3 \pm \sqrt{5})x_i}{2}, \forall\, 1 \leqslant i \leqslant n$$

这意味着 $P(x)$ 或者所有根相同,或者所有根只取 $\dfrac{3 \pm \sqrt{5}}{2} t$.

第一种情况下,由于 $P(x)$ 的常数项为 1,而且所有的根为正数,因此所有根为 1. $P(x) = (x-1)^n$,n 是偶数,并且 $t = \dfrac{3 \pm \sqrt{5}}{2}$.

第二种情况下,由于 $P(x)$ 的常数项为 1,因此 n 是偶数,$t = \left(\dfrac{3+\sqrt{5}}{2}\right)^{\frac{n-2k}{n}}$,并且有

$$P(x) = \left(x - \left(\frac{3+\sqrt{5}}{2}\right)^{\frac{2(n-k)}{n}}\right)^k \left(x - \left(\frac{3+\sqrt{5}}{2}\right)^{-\frac{2k}{n}}\right)^{n-k}$$

其中 k 是整数,$1 \leqslant k < n$. □

97. 设实系数多项式 $P(x) = x^4 + ax^3 + bx^2 + cx + 858$ 的根均为大于 1 的实数. 证明:

$$a + b + c < 2\,021$$

AwesomeMath 入学测试 2021

证明 我们有 $P(x) = (x-x_1)(x-x_2)(x-x_3)(x-x_4)$,并且

$$x_1 x_2 x_3 x_4 = 858$$

将不等式 $(x_k)^2 \geqslant 4(x_k - 1)$,$k = 1, 2, 3, 4$ 相乘,得到

$$(x_1 x_2 x_3 x_4)^2 \geqslant 4^4 P(1)$$

因此

$$2\,880 > \frac{858^2}{4^4} > P(1) = 1 + a + b + c + 858 \ \Rightarrow\ a + b + c < 2\,021 \qquad \square$$

98. 实数 a, b, c, d 使得方程

$$x^5 + ax^4 + bx^3 + cx^2 + dx + 1\,022 = 0$$

的所有根是小于 -1 的实数. 证明:

$$a + c < b + d$$

Titu Andreescu – 数学反思 U547

证明 设 $P(x)$ 是题目中的多项式,$x_i (1 \leqslant i \leqslant 5)$ 是 $P(x)$ 的根. 将不等式

$$4(-1 - x_k) \leqslant x_k^2 \ \Leftrightarrow\ (x_k + 2)^2 \geqslant 0$$

对 $k = 1, \cdots, 5$ 相乘,得到

$$1\ 024P(-1) \leqslant (-1\ 022)^2$$

于是 $-1 + a - b + c - d + 1\ 022 \leqslant \dfrac{(-1\ 022)^2}{1\ 024} < 1\ 021$,证毕. $\qquad\square$

99. 对整数 m,设 $p(m)$ 是 m 的最大素因子. 约定 $p(\pm 1) = 1$, $p(0) = \infty$. 求所有的整系数多项式 f,使得序列 $\{p(f(n^2)) - 2n\}_{n \in \mathbb{Z}_{\geqslant 0}}$ 有上界. *(特别地,这要求 $f(n^2) \neq 0$,对所有 $n \geqslant 0$ 成立.)*

Titu Andreescu, Gabriel Dospinescu – USAMO 2006

解法一 设 $f(x)$ 是关于 x 的 d 次整系数非常数多项式,进一步假设没有素数整除 f 的所有系数 (否则我们考虑将 f 除以它的所有系数的最大公约数后得到的多项式). 必要时可以将 f 乘以 -1,使首项系数为正.

设 $g(n) = f(n^2)$,于是多项式 $g(n)$ 的次数不小于 2,并且满足 $g(n) = g(-n)$. 设 $g_1, \cdots, g_k$ 是将 g 因式分解得到的首项系数为正的不可约多项式,这样的分解是唯一的. 设 $d(g_i)$ 为 g_i 的次数. 由于 $g(-n) = g(n)$,因此因子 g_i 为 n 的偶函数,或者来自于一对不可约因子 g_i, h_i,满足

$$g_i(-n) = (-1)^{d(g_i)} h_i(n)$$

采用题目中关于 $p(m)$ 的定义和约定. 假设存在常数 C,使得对所有的 $n \geqslant 0$,有

$$p(g(n)) - 2n < C$$

由于多项式 g_i 整除 g,因此同样的条件对 g_i 也成立.

纳格尔的一个定理给出,若 $d(g_i) \geqslant 2$,则 $\dfrac{p(g_i(n))}{n}$ 对于较大的 n 无上界. 由于在我们的问题中,对较大的 n,$\dfrac{p(g_i(n))}{n}$ 渐进地以 2 为上界,因此我们可以得出,所有的不可约因子 g_i 为线性函数. 因为线性多项式不是 n 的偶函数,所以这些多项式成对出现

$$g_i(n) = a_i n + b_i, \quad h_i(n) = a_i n - b_i$$

不妨设 $b_i \geqslant 0$. 由于 f 的系数互素,因此 a_i 和 b_i 互素. 由于 $p(0) = \infty$,因此多项式没有非负的整数根,所以 $a_i > 1$ 并且 $b_i > 0$. 另一方面,根据狄利克雷定理,序列 $a_i n + b_i$ 中包含无穷多素数,如果 $a_i > 2$,那么就有无穷多 n 满足

$$p(g_i(n)) = a_i n + b_i \geqslant 3n$$

矛盾. 因此 $a_i = 2, b_i$ 是正奇数. 设 $b_i = 2c_i + 1$, 显然 $p(g_i(n)) - 2n < 2c_i + 2$. 由于这对所有因子 g_i 成立, 因此也对这些因子的乘积 g 成立, 上界由所有 c_i 的最大值决定.

因此存在一些非负整数 c_i, 使得 $g(n)$ 是 $4n^2 - (2c_i + 1)^2$ 型的多项式的乘积. 由于 $g(n) = f(n^2)$, 因此得到 $f(n)$ 是 $4n - (2c_i + 1)^2$ 型的线性式的乘积.

由于之前我们将条件限制为非常数多项式, 并且系数互素, 因此放松这个条件后, 可以允许零个线性多项式因子, 以及任意非零的整数因子. 最终, 存在非零整数 M, 整数 $k \geqslant 0$, 以及非负整数 c_i, 使得

$$f(n) = M \cdot \prod_{i=1}^{k} \left(4n - (2c_i + 1)^2\right)$$

$\square$

解法二 多项式 f 满足所述性质当且仅当

$$f(x) = c(4x - a_1^2)(4x - a_2^2) \cdots (4x - a_k^2), \tag{1}$$

其中 $a_1, a_2, \cdots, a_k$ 为正奇数, c 为非零整数. 可以直接验证, 式 (1) 所表示的多项式满足所求性质. 如果 p 是 $f(n^2)$ 的素因子, 但不是 c 的因子, 那么存在 $j \leqslant k$, 使得 $p|(2n - a_j)$ 或者 $p|(2n + a_j)$. 因此

$$p - 2n \leqslant \max\{a_1, a_2, \cdots, a_k\}$$

c 的素因子为有限集, 因此不影响所给的序列是否有上界. 证明的其余部分致力于证明: 满足 $\{p(f(n^2)) - 2n\}_{n \geqslant 0}$ 有上界的任意 f 由 (1) 给出.

设 $\mathbb{Z}[x]$ 表示所有的整系数多项式构成的集合. 给定 $f \in \mathbb{Z}[x]$, 设 $\mathcal{P}(f)$ 表示整除序列 $\{f(n)\}_{n \geqslant 0}$ 中至少一项的素数构成的集合. 解答依赖于下面的舒尔引理.

引理 如果 $f \in \mathbb{Z}[x]$ 是非常数多项式, 那么 $\mathcal{P}(f)$ 是无限集.

引理的证明 我们会重复应用下面的基本事实: 若 a 和 b 为不同整数, $f \in \mathbb{Z}[x]$, 则 $a - b$ 整除 $f(a) - f(b)$.

若 $f(0) = 0$, 则对任意素数 p, 有 p 整除 $f(p)$, 因此 $\mathcal{P}(f)$ 包含所有的素数, 为无限集.

若 $f(0) = 1$, 则 $f(n!)$ 的任意素因子 p 都大于 n, 否则 $p \mid n!$, 于是 p 整除 $f(n!) - f(0) = f(n!) - 1$, 得到 $p|1$, 矛盾. 这样 $f(0) = 1$ 给出 $\mathcal{P}(f)$ 是无限集.

要完成引理的证明, 考虑 $g(x) = \dfrac{f(f(0)x)}{f(0)}$, 注意到 $g \in \mathbb{Z}[x]$ 并且 $g(0) = 1$. 前面的论述说明 $\mathcal{P}(g)$ 是无限集, 因此 $\mathcal{P}(f)$ 是无限集.

回到原题. 设 $f \in \mathbb{Z}[x]$ 非常数, 并且存在 M, 使得 $p(f(n^2)) - 2n \leqslant M$ 对所有 $n \geqslant 0$ 成立. 应用引理到 $f(x^2)$ 表明: 存在无穷多素数 $\{p_j\}$, 以及相应的非负整数序列 $\{k_j\}$, 使得 $p_j | f(k_j^2)$, 对所有 $j \geqslant 1$ 成立. 考虑序列 $\{r_j\}$, 其中 (此处的同余表示最小非负余数)

$$r_j = \min\{k_j \pmod{p_j}, \; p_j - k_j \pmod{p_j}\}$$

则有 $0 \leqslant r_j \leqslant \dfrac{p_j - 1}{2}$ 并且 $p_j | f(r_j^2)$. 因此有

$$2r_j + 1 \leqslant p_j \leqslant p(f(r_j^2)) \leqslant M + 2r_j$$

所以 $1 \leqslant p_j - 2r_j \leqslant M$, 对所有 $j \geqslant 1$ 成立. 根据抽屉原则, 存在整数 a_1, 使得 $1 \leqslant a_1 \leqslant M$, 而且 $a_1 = p_j - 2r_j$ 对无穷多 j 成立. 设 $m = \deg f$, 于是 $4^m f\left(\left(\dfrac{x - a_1}{2}\right)^2\right)$ 是整系数多项式. 由于

$$p_j | 4^m f\left(\left(\frac{p_j - a_1}{2}\right)^2\right) \; \Rightarrow \; p_j | f\left(\left(\frac{a_1}{2}\right)^2\right)$$

对无穷多 j 成立, 因此 $\left(\dfrac{a_1}{2}\right)^2$ 是 f 的一个根. 因为 $f(n^2) \neq 0$ 对所有 $n \geqslant 0$ 成立, 所以 a_1 必然是奇数. 记 $f(x) = (4x - a_1)^2 g(x)$, 其中 $g \in \mathbb{Z}[x]$ (看下面的注). 观察到 $\{p(g(n^2)) - 2n\}_{n \geqslant 0}$ 也必然有上界. 若 g 是常数, 则已经完成证明. 若 g 非常数, 则重复这个过程 (归纳法) 可以证明 f 具有式 (1) 的形式. $\square$

注 从 $f(x) = (4x - a_1^2) g(x)$ 得到 $g \in \mathbb{Z}[x]$ 应用了高斯引理. 要避免这样高等的结果, 可以先记 $f(x) = r(4x - a_1^2) g(x)$, 其中 r 是有理数, $g \in \mathbb{Z}[x]$. 然后重复上面的论述得到

$$f(x) = c(4x - a_1^2) \cdots (4x - a_k^2)$$

其中 c 是有理数, a_i 为奇数. 考虑首项系数表明, c 的分母为 2^s, $s \geqslant 0$. 考虑常数项表明 c 的分母为奇数. 因此 c 是整数.

100. 设 P 是实系数 5 次多项式, 根均为实数. 证明: 若实数 a, 满足 $P(a) \neq 0$, 则存在实数 b, 满足

$$b^2 P(a) + 4bP'(a) + 5P''(a) = 0$$

Titu Andreescu – 数学反思 U203

证法一 我们证明下面更强的结论:

引理 设实系数 $n(n \geqslant 2)$ 次多项式 P 的根均为实数,实数 C, D 满足

$$nC^2 \geqslant 4(n-1)D \geqslant (n-1)C^2$$

若实数 a 满足 $P(a) \neq 0^*$,则存在实数 b,满足

$$b^2 P(a) + CbP'(a) + DP''(a) = 0$$

当且仅当 $nC^2 = 4(n-1)D$,并且 P 的所有根相同时,满足条件的 b 是唯一的,否则恰有两个满足条件的实数 b. 原问题对应 $n = 5, C = 4, D = 5$ 的情形,由于 $5C^2 = 80 = 16D$,因此等号成立当且仅当 P 有五个相等的实数根.

引理的证明 设 $x_i, i = 1, 2, \cdots, n$ 为 P 的根,于是 $P'(a) = SP(a), P''(a) = 2TP(a)$,其中

$$S = \sum_{i=1}^{n} u_i, \ T = \sum_{1 \leqslant i < j \leqslant n} u_i u_j, \ u_i = \frac{1}{a - x_i}$$

因为 a 不是 P 的根,所以每个 u_i 都有定义,于是 S, T 也有定义. 对任意实数 C, D,关于 b 的二次方程

$$b^2 P(a) + CbP'(a) + DP''(a) = 0$$

有实数根当且仅当它的判别式 $\Delta \geqslant 0$,其中

$$\Delta = C^2(P'(a))^2 - 4DP(a)P''(a) = (C^2 S^2 - 8DT)(P(a))^2$$

因为 a 不是 P 的根,所以上式非负当且仅当 $C^2 S^2 - 8DT \geqslant 0$. 现在,注意到

$$C^2 S^2 - 8DT = C^2 \sum_{i=1}^{n} u_i^2 - (4D - C^2) \sum_{1 \leqslant i < j \leqslant n} 2u_i u_j$$

$$= (nC^2 - 4(n-1)D) \sum_{i=1}^{n} u_i^2 + (4D - C^2) \sum_{1 \leqslant i < j \leqslant n} (u_i - u_j)^2 \geqslant 0$$

等号成立当且仅 $nC^2 = 4(n-1)D$,并且所有的 u_i 都相等. 最后的条件显然等价于 P 的所有根相同. $\qquad \square$

注 条件 $P'(a) \neq 0$ 不是必须的. 实际上,若 $4(n-1)D \geqslant (n-1)C^2$,则 $D \geqslant 0$. 当 $P'(a) = 0$ 时,有 $S = 0$,则 $2T = S^2 - (u_1^2 + \cdots + u_n^2) < 0$,于是 $2DT < 0$. 然后 $b = \pm\sqrt{-2DT}$ 是实数,并且满足条件 $b^2 P(a) + CbP'(a) + DP''(a) = 0$.

---

*此条件为译者根据证明过程添加,原文应该漏掉了. ——译者注

证法二 设 $a \in \mathbb{R}$ 满足 $P(a) \neq 0$. 只需证明二次方程

$$x^2 P(a) + 4x P'(a) + 5 P''(a) = 0$$

的判别式 $D = 16\left(P'(a)\right)^2 - 20 P(a) P''(a)$ 非负,或者等价地,证明

$$4[P'(a)]^2 \geqslant 5 P(a) P''(a)$$

我们将证明更一般的命题:

引理 整数 $n \geqslant 2$, P 是实系数 n 次多项式,所有根都是实数,$a \in \mathbb{R}$ 满足 $P(a) \neq 0$,则有

$$(n-1)\left(P'(a)\right)^2 \geqslant n P(a) P''(a). \tag{1}$$

引理的证明 设 $P(x) = c(x - r_1) \cdot \cdots \cdot (x - r_n)$,其中 $c, r_1, \cdots, r_n \in \mathbb{R}, c \neq 0$. 若 $a \in \mathbb{R}$ 满足 $P(a) \neq 0$,则容易看出

$$\frac{P'(a)}{P(a)} = \sum_{i=1}^{n} \frac{1}{a - r_i} \tag{2}$$

对 a 求导得到

$$\frac{P''(a) P(a) - \left(P'(a)\right)^2}{\left(P(a)\right)^2} = -\sum_{i=1}^{n} \frac{1}{(a - r_i)^2}$$

因此

$$\frac{P''(a)}{P(a)} = \left(\frac{P'(a)}{P(a)}\right)^2 - \sum_{i=1}^{n} \frac{1}{(a - r_i)^2} = \left(\sum_{i=1}^{n} \frac{1}{a - r_i}\right)^2 - \sum_{i=1}^{n} \frac{1}{(a - r_i)^2}. \tag{3}$$

现在应用柯西不等式得到

$$\left(\sum_{i=1}^{n} \frac{1}{a - r_i}\right)^2 \leqslant \left(\sum_{i=1}^{n} 1^2\right) \left(\sum_{i=1}^{n} \frac{1}{(a - r_i)^2}\right) = n \sum_{i=1}^{n} \frac{1}{(a - r_i)^2}$$

因此

$$(n-1)\left(\sum_{i=1}^{n} \frac{1}{a - r_i}\right)^2 \geqslant n \left(\sum_{i=1}^{n} \frac{1}{a - r_i}\right)^2 - n \sum_{i=1}^{n} \frac{1}{(a - r_i)^2}$$

应用式 (2) 和式 (3),有

$$(n-1)\left(\frac{P'(a)}{P(a)}\right)^2 \geqslant n \frac{P''(a)}{P(a)}$$

等价于式 (1). $\square$

函 数 方 程

101. 求所有函数 $f : \mathbb{R}^* \to \mathbb{R}$，满足

$$f\left(\frac{2\,016}{x}\right) = 1 - xf(x), \forall\, x \in \mathbb{R}^*$$

Adrian Andreescu – AwesomeMath 入学测试 2016

解 用变量替换 $x \mapsto \dfrac{2\,016}{x}$，得到

$$
\begin{aligned}
f(x) &= 1 - \frac{2\,016}{x} f\left(\frac{2\,016}{x}\right) \\
&= 1 - \frac{2\,016}{x}\left(1 - xf(x)\right) \\
&= 1 - \frac{2\,016}{x} + 2\,016 f(x)
\end{aligned}
$$

因此 $f(x) = \dfrac{1}{2\,015}\left(\dfrac{2\,016}{x} - 1\right)$. $\qquad\square$

102. 设函数 $f : \mathbb{R} \to \mathbb{R}$ 满足 $f(f(x)) = 20x - 19$ 对所有 $x \in \mathbb{R}$ 成立.

(1) 计算 $f(1)$.

(2) 证明存在这样的函数.

Titu Andreescu – AwesomeMath 入学测试 2019

解 (1) 注意到 $f(f(1)) = 1$. 设 $x = f(1)$，于是

$$f(1) = f(f(f(1))) = 20f(1) - 19$$

因此得到 $f(1) = 1$.

(2) 设 $f(x) = ax + b$，则有

$$f(f(x)) = f(ax + b) = a(ax + b) + b = a^2 x + ab + b$$

因此只需令 $a^2 = 20, ab + b = -19$，解得 $a = \sqrt{20}, b = 1 - \sqrt{20}$ 即可得到满足条件的函数. $\qquad\square$

103. 设函数 $f:(0,\infty)\to\mathbb{R}$ 和实数 $a>0$, 满足 $f(a)=1$, 并且

$$f(x)f(y)+f\left(\frac{a}{x}\right)f\left(\frac{a}{y}\right)=2f(xy)$$

对所有 $x,y>0$ 成立. 证明: f 是常函数.

Titu Andreescu – 蒂米什瓦拉数学杂志 2849

证明 取 $x=y=1$, 得到

$$f^2(1)+f^2(a)=2f(1) \Rightarrow (f(1)-1)^2=0 \Rightarrow f(1)=1$$

取 $y=1$, 得到

$$f(x)f(1)+f\left(\frac{a}{x}\right)f(a)=2f(x) \Rightarrow f(x)=f\left(\frac{a}{x}\right), \ \forall\, x>0$$

取 $y=\dfrac{a}{x}$, 得到

$$f(x)f\left(\frac{a}{x}\right)+f\left(\frac{a}{x}\right)f(x)=2f(a)$$

因此

$$f(x)f\left(\frac{a}{x}\right)=1 \Rightarrow f^2(x)=1 \Rightarrow f(x)=\pm 1, \ \forall\, x>0$$

取 $x=y=\sqrt{t}$, 得到

$$f^2(\sqrt{t})+f^2\left(\frac{a}{\sqrt{t}}\right)=2f(t) \Rightarrow f(t)>0 \Rightarrow f(t)=1, \ \forall\, x>0$$

因此 f 是常函数. $\qquad\qquad\qquad\qquad\qquad\qquad\qquad\qquad \square$

104. 求所有函数 $f:\mathbb{Z}\to\mathbb{Z}$, 满足

$$f(x^3+y^3+z^3)=(f(z))^3+(f(y))^3+(f(z))^3$$

对所有正数 x, y, z 成立.

Titu Andreescu – 美国数学月刊 10728

解 所有的解为 $f(x)=0$, $f(x)=x$ 以及 $f(x)=-x$. 容易验证这三个都是解.

取 $x=y=z=0$, 得到 $f(0)=3(f(0))^3$, 唯一的整数解为 $f(0)=0$. 然后代入 $y=-x,z=0$, 得到

$$f(0)=(f(x))^3+(f(-x))^3+(f(0))^3$$

给出 $f(-x) = -f(x)$，所以 f 是奇函数.

代入 $(x, y, z) = (1, 0, 0)$，得到

$$f(1) = (f(1))^3 + 2(f(0))^3 = f(1)^3 \Rightarrow f(1) \in \{-1, 0, 1\}$$

继续代入 $(x, y, z) = (1, 1, 0)$ 以及 $(x, y, z) = (1, 1, 1)$，得到

$$f(2) = 2(f(1))^3 = 2f(1), \ f(3) = 3(f(1))^3 = 3f(1)$$

接下来我们需要一个引理.

引理 若整数 x 大于 3，则 x^3 可以写成五个绝对值小于 x^3 的立方数之和.

引理的证明 我们有

$$4^3 = 3^3 + 3^3 + 2^3 + 1^3 + 1^3$$
$$5^3 = 4^3 + 4^3 + (-1)^3 + (-1)^3 + (-1)^3$$
$$6^3 = 5^3 + 4^3 + 3^3 + 0^3 + 0^3$$
$$7^3 = 6^3 + 5^3 + 1^3 + 1^3 + 0^3$$

若 $x = 2k + 1, k > 3$，则有

$$x^3 = (2k+1)^3 = (2k-1)^3 + (k+4)^3 + (4-k)^3 + (-5)^3 + (-1)^3$$

而且 $\{2k-1, k+3, |4-k|, 5, 1\}$ 中的数均小于 $2k+1$.

若整数 $x > 3$，则可以写成 $x = my$，其中 y 是 4 或 6 或者大于 3 的奇数，m 是正整数. 将 y^3 写成 $y_1^3 + y_2^3 + y_3^3 + y_4^3 + y_5^3$，于是 x^3 可以写成

$$(my_1)^3 + (my_2)^3 + (my_3)^3 + (my_4)^3 + (my_5)^3$$

回到原题证明. 由于 f 是奇函数，$f(1) \in \{-1, 0, 1\}$，因此只需证明 $f(x) = xf(1)$ 对任意整数 x 成立. 我们已经对 $|x| \leqslant 3$ 证明了这一点. 对于 $x \geqslant 4$，假设结论对所有绝对值小于 x 的数成立. 根据引理，有

$$x^3 = x_1^3 + x_2^3 + x_3^3 + x_4^3 + x_5^3$$

其中 $|x_i| < x$ 对所有 i 成立. 如下改写后

$$x^3 + (-x_4)^3 + (-x_5)^3 = x_1^3 + x_2^3 + x_3^3$$

应用 f 到两边. 根据 f 的性质以及 f 是奇函数,我们得到

$$(f(x))^3 - (f(x_4))^3 - (f(x_5))^3 = (f(x_1))^3 + (f(x_2))^3 + (f(x_3))^3$$

归纳假设给出

$$(f(x))^3 = \sum_{i=1}^{5}(x_i f(1))^3 = (f(1))^3 \sum_{i=1}^{5} x_i^3 = (f(1))^3 x^3$$

因此有 $f(x) = xf(1)$. 由归纳法,结论成立. □

105. 求所有的复系数多项式 P,使得若复数 a,b 满足 $a^2 + 5ab + b^2 = 0$,则

$$P(a) + P(b) = 2P(a+b)$$

Titu Andreescu, Mircea Becheanu – 数学反思 U491

解法一 设 (a,b) 是一对非零复数,满足条件 $a^2 + 5ab + b^2 = 0$,则

$$\frac{a}{b} = \frac{-5 \pm \sqrt{21}}{2} \tag{1}$$

设 $\lambda = \dfrac{-5 + \sqrt{21}}{2}$,则对任意实数 t,数对 $(a,b) = (\lambda t, t)$ 满足所给要求. 设

$$P(x) = \sum_{i=0}^{n} a_i x^i$$

是满足题目条件的一个多项式,则

$$\sum_{i=0}^{n} a_i \lambda^i t^i + \sum_{i=0}^{n} a_i t^i = 2 \sum_{i=0}^{n} a_i (\lambda+1)^i t^i$$

对所有实数 t 成立,因此是关于 t 的多项式恒等式. 比较两边 t^i 的系数发现,若 $a_i \neq 0$,则有

$$1 + \lambda^i = 2(1+\lambda)^i \tag{2}$$

当 $i = 0,3$ 时此式成立,当 $i = 1$ 或 $i = 2$ 时不成立. 我们将证明对于 $i > 3$,此式也不成立.

假设对 $i > 0$ 此式成立. 我们首先证明 i 必然是奇数. 由 (2) 得到 λ 是有理多项式 $f(x) = 2(x+1)^i - x^i - 1$ 的一个根. 但是 λ 也是 $g(x) = x^2 + 5x + 1$ 的根,这是极小多项式. 所以在 $\mathbb{Z}[x]$ 中,$g(x)$ 整除 $f(x)$,即

$$2(x+1)^i - x^i - 1 = (x^2 + 5x + 1)h(x)$$

其中 $h(x)$ 是某整系数多项式. 现在代入 $x = -1$, 得到 $-(-1)^i - 1 = -3h(-1)$, 说明 $(-1)^i \equiv -1 \pmod 3$, 因此 i 是奇数.

现在, 由于 $0 < \lambda + 1 < 1$, 因此函数 $p(i) = 2(1+\lambda)^i$ 关于 i 递减. 由于 $0 < -\lambda < 1$, i 是奇数, 因此 $1 + \lambda^i$ 关于 i 递增. 于是方程 (2) 对于奇数 i 最多有一个解. 已经知道 $i = 3$ 是一个解, 因此这是唯一的解.

我们证明了, 问题的所有解为多项式 $a_0 + a_3 x^3$. $\qquad\square$

解法二 设 M 是任意复数, 然后设

$$a = M \cdot \frac{\sqrt{3}+\sqrt{7}}{2}, \quad b = M \cdot \frac{\sqrt{3}-\sqrt{7}}{2}$$

于是 $a^2 + b^2 = 5M^2$, $ab = -M^2$, 因此 $a^2 + 5ab + b^2 = 0$, 并且还有 $a + b = M \cdot \sqrt{3}$. 设 n 是多项式 $P(x)$ 的次数, 考虑

$$\frac{P(a)}{c_n M^n} + \frac{P(b)}{c_n M^n} = \frac{2P(a+b)}{c_n M^n}$$

其中 c_n 是 $P(x)$ 的首项系数. 令 $M \to \infty$, 上式的极限为

$$\left(\frac{a}{M}\right)^n + \left(\frac{b}{M}\right)^n = 2\left(\frac{a+b}{M}\right)^n$$

所以 P 的次数 n 必须满足

$$\left(\frac{\sqrt{3}+\sqrt{7}}{2\sqrt{3}}\right)^n + \left(\frac{\sqrt{3}-\sqrt{7}}{2\sqrt{3}}\right)^n = 2$$

现在注意到

$$\frac{\sqrt{3}+\sqrt{7}}{2\sqrt{3}} > \frac{5}{4}, \quad 0 > \frac{\sqrt{3}-\sqrt{7}}{2\sqrt{3}} > -\frac{1}{3}$$

成立. 实际上第一个不等式等价于 $2\sqrt{7} > 3\sqrt{3} \Leftrightarrow 28 > 27$; 第二个不等式的上界是显然的, 下界等价于 $5 > \sqrt{21}$, 也显然成立. 于是对所有偶数 $n \geqslant 4$, 我们有

$$\left(\frac{\sqrt{3}+\sqrt{7}}{2\sqrt{3}}\right)^n + \left(\frac{\sqrt{3}-\sqrt{7}}{2\sqrt{3}}\right)^n > \left(\frac{\sqrt{3}+\sqrt{7}}{2\sqrt{3}}\right)^4 > \frac{5^4}{4^4} = \frac{625}{256} > 2$$

对于 $n = 2$, 有

$$\left(\frac{\sqrt{3}+\sqrt{7}}{2\sqrt{3}}\right)^2 + \left(\frac{\sqrt{3}-\sqrt{7}}{2\sqrt{3}}\right)^2 = \frac{2(3+7)}{12} = \frac{5}{3} \neq 2$$

因此偶数 n 的唯一可能为 $n = 0$. 反之, 任何常数多项式 $P(x) = k$ 显然满足

$$P(a) + P(b) = k + k = 2k = 2P(a+b)$$

此外,若 $n \geqslant 5$ 是奇数,则有

$$\left(\frac{\sqrt{3}+\sqrt{7}}{2\sqrt{3}}\right)^n + \left(\frac{\sqrt{3}-\sqrt{7}}{2\sqrt{3}}\right)^n > \frac{5^5}{4^5} - 1 = \frac{2\,101}{1\,024} > 2$$

因此如果 n 是奇数,那么必有 $n \leqslant 3$. 进一步计算,对 $n = 1$ 有

$$\frac{\sqrt{3}+\sqrt{7}}{2\sqrt{3}} + \frac{\sqrt{3}-\sqrt{7}}{2\sqrt{3}} = 1 < 2$$

对 $n = 3$,有

$$\left(\frac{\sqrt{3}+\sqrt{7}}{2\sqrt{3}}\right)^3 + \left(\frac{\sqrt{3}-\sqrt{7}}{2\sqrt{3}}\right)^3 = \frac{24\sqrt{3}+16\sqrt{7}}{24\sqrt{3}} + \frac{24\sqrt{3}-16\sqrt{7}}{24\sqrt{3}} = 2$$

因此 $n = 3$ 是唯一可能的奇数次数.

注意到 $Q(x) = P(x) - c_3 x^3$ 的次数小于 3,而根据方程的线性性质,它也满足同样关系. 因此满足题目条件的所有多项式 P 为

$$P(x) = Ax^3 + B, \; A, B \in \mathbb{C}$$

事实上,对于这样的多项式以及满足 $a^2 + 5ab + b^2 = 0$,的 a, b,我们有

$$\begin{aligned}
P(a) + P(b) &= A(a+b)(a^2 - ab + b^2) + 2B \\
&= A(a+b)(a^2 - ab + b^2 + a^2 + 5ab + b^2) + 2B \\
&= A(a+b)(2a^2 + 4ab + 2b^2) + 2B \\
&= 2A(a+b)^3 + 2B = 2P(a+b)
\end{aligned}$$

$\square$

106. 求所有多项式 $P(x)$,使得对所有满足 $a^2 + b^2 = ab$ 的复数 a, b,有

$$P(a+b) = 6(P(a) + P(b)) + 15a^2 b^2 (a+b)$$

Titu Andreescu, Mircea Becheanu – 数学反思 U484

解法一 设 $\eta = \mathrm{e}^{\frac{\pi \mathrm{i}}{3}} = \dfrac{1 + \mathrm{i}\sqrt{3}}{2}$ 是本原六次单位根. 条件 $a^2 + b^2 = ab$ 分解为

$$(a - \eta b)(a - \eta^{-1} b) = 0 \; \Leftrightarrow \; b = \eta a \text{ 或者 } a = \eta b$$

由于题目方程关于 a, b 对称,因此可以不妨设 $b = \eta a$,于是

$$P((1+\eta)a) = 6(P(a) + P(\eta a)) + 15\eta^2 (1+\eta) a^5, \; \forall a \in \mathbb{C}$$

我们首先寻找 $P_0(x) = Cx^5$ 形式的解. 可以看到, 当且仅当

$$(1+\eta)^5 C = 6(1+\eta^5)C + 15\eta^2(1+\eta)$$

时有一个解. 利用 $1+\eta = \sqrt{3}\mathrm{e}^{\frac{\pi \mathrm{i}}{6}}$ 以及 $1+\eta^5 = -\sqrt{3}\mathrm{e}^{\frac{5\pi \mathrm{i}}{6}}$, 将上式化简得到

$$9\sqrt{3}\mathrm{e}^{\frac{5\pi \mathrm{i}}{6}}C = -6\sqrt{3}\mathrm{e}^{\frac{5\pi \mathrm{i}}{6}}C + 15\sqrt{3}\mathrm{e}^{\frac{5\pi \mathrm{i}}{6}} \Rightarrow C = 1$$

现在记 $P(x) = Q(x) + x^5$, 则 Q 满足

$$Q((1+\eta)a) = 6(Q(a) + Q(\eta a)), \ \forall\, a \in \mathbb{C}$$

只需寻找所有的单项式 $Q(x) = x^n$ 满足这个条件, 则一般的解将是这样的单项式的线性组合. 于是要求所有的 n 为非负整数, 满足

$$(1+\eta)^n = 6(1+\eta^n)$$

由于 $|1+\eta| = \sqrt{3}$, 因此左端的模为 $3^{\frac{n}{2}}$. 而 $1+\eta^n$ 的模在 $(2, \sqrt{3}, 1, 0, 1, \sqrt{3})$ 中循环, 分别对应 $n \equiv 0, \cdots, 5$ 模 6. 因此右端的模总是 $0, 6, 6\sqrt{3}, 12$ 之一. 因此没有这样的单项式解, 唯一的可能是 $Q = 0$, 于是 $P(x) = x^5$. $\qquad\Box$

解法二 设 $a = b = 0$, 得到 $P(0) = 12P(0)$, 所以 $P(0) = 0$. 显然 $P \not\equiv 0$. 因此

$$P(x) = c_n x^n + \cdots + c_1 x, \ n \geqslant 1, c_n \neq 0$$

设 $a^2 + b^2 = ab$. 我们证明: 对任意 $k \geqslant 1$, 存在常数 f_k, 使得

$$a^k + b^k = f_k(a+b)^k$$

事实上, $f_1 = 1$, 而

$$a^2 + b^2 = (a+b)^2 - 2ab = (a+b)^2 - 2(a^2+b^2) \Rightarrow f_2 = \frac{1}{3}$$

对 $k \geqslant 2$ 递推得到

$$a^{k+1} + b^{k+1} = (a^k + b^k)(a+b) - ab(a^{k-1} + b^{k-1})$$
$$= f_k(a+b)^{k+1} - \frac{1}{3}f_{k-1}(a+b)^{k+1}$$

也就是说

$$f_{k+1} = f_k - \frac{1}{3}f_{k-1}$$

特别地,有 $f_3 = 0, f_4 = -\dfrac{1}{9} = f_5$. 利用生成函数,我们可以得到

$$f_k = \left(\frac{\sqrt{3} + i}{2\sqrt{3}}\right)^k + \left(\frac{\sqrt{3} - i}{2\sqrt{3}}\right)^k$$

因此,对于 $k \geqslant 6$,有

$$|6f_k| \leqslant 12 \left|\frac{\sqrt{3} + i}{2\sqrt{3}}\right|^k = 12\left(\frac{1}{\sqrt{3}}\right)^k \leqslant \frac{12}{27} < 1$$

比较

$$P(a+b) = 6(P(a) + P(b)) + \frac{5}{3}(a+b)^5$$

中 $(a+b)^k$ 的系数得到:对所有 $k \neq 5$,有 $(1 - 6f_k)c_k = 0, c_k = 0$. 对 $k = 5$ 得到

$$c_5 = 6f_5c_5 + \frac{5}{3} = -\frac{2}{3}c_5 + \frac{5}{3} \implies c_5 = 1$$

综上所述,$P(x) = x^5$ 是唯一的解. □

107. 求所有 $P \in \mathbb{R}[x]$,使得若非零实数 x, y, z 满足 $2xyz = x + y + z$,则

$$\frac{P(x)}{yz} + \frac{P(y)}{zx} + \frac{P(z)}{xy} = P(x-y) + P(y-z) + P(z-x)$$

Titu Andreescu, Gabriel Dospinescu – USAMO 2019

解 如果 $P(x) = c$ 是常数,那么

$$\frac{c(x+y+z)}{xyz} = 3c \implies 2c = 3c \implies c = 0$$

现在考虑非常数多项式的情况. 首先有

$$xP(x) + yP(y) + zP(z) = xyz(P(x-y) + P(y-z) + P(z-x))$$

对任意满足 $2xyz = x + y + z$ 的非零实数 x, y, z 成立. 两边都是关于 x, y, z 的多项式,在二维曲面 $2xyz = x + y + z$ 上相同,除去曲面上的一些一维曲线 (平面 $x = 0, y = 0, z = 0$ 与这个曲面的交线). 根据连续性,等式对所有二维曲面上的点成立,包括 $z = 0$ 的部分. 取 $z = 0$,得到 $y = -x$,然后有 $x(P(x) - P(-x)) = 0$. 因此 P 是偶函数.

(这里是替代连续性说法的粗略的初等证明. 设 $z = \dfrac{x+y}{2xy - 1}$. 我们有

$$xP(x) + yP(y) + \frac{x+y}{2xy-1}P\left(\frac{x+y}{2xy-1}\right)$$

$$= xy\frac{x+y}{2xy-1}\left(P(x-y) + P\left(y - \frac{x+y}{2xy-1}\right) + P\left(\frac{x+y}{2xy-1} - x\right)\right)$$

这是有理函数的等式. 两边乘以 $(2xy-1)^N$, 若 N 足够大, 则得到多项式恒等式, 记作 $A(x,y) = B(x,y)$, 对所有满足 $x \neq 0, y \neq 0, x+y \neq 0, 2xy-1 \neq 0$ 的实数 x, y 成立. 对固定的 x, 这是两个关于 y 的多项式, 对无穷多 y 取值相同, 因此这两个多项式必然完全相同. 特别地, 代入 $y = 0$, 得到 $x(P(x) - P(-x)) = 0$.)

注意到: 若 $P(x)$ 是一个解, 则 $cP(x)$ 也是一个解, 其中 c 是任意常数. 我们不妨设 P 的首项系数为 1

$$P(x) = x^n + a_{n-2}x^{n-2} + \cdots + a_2 x^2 + a_0$$

其中 n 是正偶数 (前面得到了 P 是偶函数). 设 $y = \frac{1}{x}, z = x + \frac{1}{x}$, 我们有

$$xP(x) + \frac{1}{x}P\left(\frac{1}{x}\right) + \left(x + \frac{1}{x}\right)P\left(x + \frac{1}{x}\right)$$

$$= \left(x + \frac{1}{x}\right)\left(P\left(x - \frac{1}{x}\right) + P(-x) + P\left(\frac{1}{x}\right)\right)$$

利用 $P(x) = P(-x)$ 化简, 得到

$$\left(x + \frac{1}{x}\right)\left(P\left(x + \frac{1}{x}\right) - P\left(x - \frac{1}{x}\right)\right) = \frac{1}{x}P(x) + xP\left(\frac{1}{x}\right)$$

展开, 合并同类项, 两边都有形式

$$c_{n-1}x^{n-1} + c_{n-3}x^{n-3} + \cdots + c_1 x + c_{-1}x^{-1} + \cdots + c_{-n+1}x^{-n+1}$$

并且两边对无穷多 x 相同, 因此必然恒等. 我们比较首项系数: 左端得到 $2nx^{n-1}$. 右端有两种情况: 若 $n > 2$, 则得到 x^{n-1}; 若 $n = 2$, 则得到 $(1 + a_0)x$. 当 $n > 2$ 时等式不成立. 当 $n = 2$ 时, 得到 $4 = 1 + a_0$, 因此 $a_0 = 3$.

问题的解为 $P(x) = c(x^2 + 3), c$ 是任意常数. $\quad\square$

108. 求所有的函数 $f : \mathbb{Z} \to \mathbb{Z}$, 使得对任意非零整数 x 以及整数 y, 有

$$xf(2f(y) - x) + y^2 f(2x - f(y)) = \frac{f(x)^2}{x} + f(yf(y))$$

Titu Andreescu – USAMO 2014

解 我们首先证明 $f(0) = 0$. 假设 $f(0) \neq 0$. 则可以代入 $x = 2f(0), y = 0$, 所得方程化简为 $4f(0) - 2 = \left(\frac{f(2f(0))}{f(0)}\right)^2$ 由于左端模 4 余 2, 不能是完全平方数, 矛盾. 因此 $f(0) = 0$.

现在代入 $y = 0$ 到原方程,利用 $f(0) = 0$ 化简,得到

$$x^2 f(-x) = f(x)^2 \tag{1}$$

因此反复利用式 (1) 得到

$$x^6 f(x) = x^4 (-x)^2 f(-(-x)) = x^4 f(-x)^2 = f(x)^4 \implies f(x) \in \{0, x^2\} \tag{2}$$

若 $f(x) = x^2$ 对所有 x 成立,则可以验证这是方程的一个解.

假设存在 $a \neq 0$,使得 $f(a) = 0$. 代入 $y = a$ 到原方程,化简得到

$$xf(-x) + a^2 f(2x) = \frac{f(x)^2}{x}$$

结合式 (1),得到

$$a^2 f(2x) = 0 \implies f(2x) = 0, \, \forall x \in \mathbb{Z} \tag{3}$$

若 $f(x) = 0$ 对所有 $x \in \mathbb{Z}$ 成立,则给出方程的另一个解.

假设存在奇数 $m \neq 0, f(m) = m^2$. 原方程中代入 $x = 2k$,利用式 (3),很多项抵消,得到

$$y^2 f(4k - f(y)) = f(yf(y)), \, k \neq 0$$

上式取 $y = m$,得到 $m^2 f(4k - m^2) = f(m^3)$. 根据式 (2),两边均为 0 或者均为 m^6. 若两边均为 m^6,则有

$$m^2 (4k - m^2)^2 = m^6 \implies 4k = m^2 \pm m^2$$

与 k 的任意性矛盾. 因此

$$m^2 f(4k - m^2) = f(m^3) = 0 \tag{4}$$

当 k 可以取任意非零数时,$4k - m^2$ 可以取到所有模 4 余 3 的整数 x,除了 $x = -m^2$,因此这样的 x 满足 $f(x) = 0$. 利用式 (1),$-x$ 可以取到除 m^2 之外的模 4 余 1 的数,因此这样的 x 也满足 $f(x) = 0$. 由于 $f(m) \neq 0$,因此 $m \in \{\pm m^2\}$,得到 $m = 1, f(1) = 1$. 然而,这和前面的式 (4) 矛盾.

因此方程的解为 $f(x) = 0$ 以及 $f(x) = x^2$. $\qquad \square$

109. 求所有的函数 $f : \mathbb{R} \to \mathbb{R}$,使得对所有实数 x, y,有

$$(f(x) + xy)f(x - 3y) + (f(y) + xy)f(3x - y) = (f(x + y))^2$$

Titu Andreescu – USAMO 2016

解法一 第一步:取 $x = y = 0$,得到 $f(0) = 0$.

第二步:取 $x = 0$,得到 $f(y)f(-y) = f(y)^2$. 特别地,若 $f(y) \neq 0$,则有 $f(y) = f(-y)$. 此外,替换 $y \to -t$,得到:若 $f(t) = 0$,则 $f(-t) = 0$.

第三步:设 $x = 3y$,得到 $\big(f(y) + 3y^2\big)f(8y) = f(4y)^2$. 特别地,替换 $y \to \frac{t}{8}$,得到:若 $f(t) = 0$,则 $f(\frac{t}{2}) = 0$.

第四步:设 $y = -x$,得到 $f(4x)\big(f(x) + f(-x) - 2x^2\big) = 0$. 特别地,若 $f(x) \neq 0$,则根据第三步,有 $f(4x) = 0 \Rightarrow f(2x) = 0 \Rightarrow f(x) = 0$,因此 $f(4x) \neq 0$. 上述方程给出 $2x^2 = f(x) + f(-x) = 2f(x)$,其中最后一步来自于第二步的结果. 因此

$$f(x) \in \{0, x^2\}, \ \forall\, x \in \mathbb{R} \tag{1}$$

利用第三步的结果,得到 $f(y) + 3y^2 \neq 0$,对所有非零 y 成立. 在第三步方程中替换 $y \to \frac{t}{4}$,得到:若 $f(t) = 0$,则 $f(2t) = 0$.

第五步:若 $f(a) = f(b) = 0$,则 $f(b - a) = 0$. 证明如下:取 x, y,使得

$$x - 3y = a, \ 3x - y = b \ \Rightarrow \ x + y = \frac{b - a}{2}$$

将 x, y 代入原方程,得到 $f\left(\dfrac{b - a}{2}\right) = 0$. 根据第四步的结果,得到 $f(b - a) = 0$.

第六步:若 $f \not\equiv 0$,则对 $t \neq 0$,有 $f(t) \neq 0$. 假设存在 $t \neq 0$, $f(t) = 0$. 取 x, y,使得 $f(x) \neq 0$, $x + y = t$. 有下面三个关键事实:

1. $f(y) \neq 0$. 否则 $f(x + y) = 0$, $f(y) = 0$,根据第五步得到 $f(x) = 0$,矛盾.

2. $f(x - 3y) \neq 0$. 否则 $f(x + y) = 0$, $f(x - 3y) = 0$,根据第五步得到 $f(4y) = 0$,根据第三步得到 $f(2y) = 0$,然后 $f(y) = 0$,矛盾.

3. $f(3x - y) \neq 0$. 否则根据第二步得到 $f(y - 3x) = 0$,再根据第五步得到 $f(4x) = 0$,根据第三步得到 $f(x) = 0$ 矛盾.

根据第四步的式 (1),这些结果得出

$$f(y) = y^2, f(x - 3y) = (x - 3y)^2, f(3x - y) = (3x - y)^2$$

代入所给方程得到

$$(x^2 + xy)(x - 3y)^2 + (y^2 + xy)(3x - y)^2 = 0$$

但是上述表达式还可以分解为 $(x + y)^4$. 这显然和假设 $t = x + y \neq 0$ 矛盾,于是完成了第六步.

第七步:根据第六步和第四步的式 (1),唯一可能的解为 $f \equiv 0$ 以及 $f(x) = x^2, \forall\, x \in \mathbb{R}$. 容易验证,这确实为方程的两个解. $\qquad\square$

解法二 我们采用和解法一相同的前四步. 于是我们知道对所有 x, 有 $f(x) = 0$ 或者 x^2. 特别地, 这说明 $0 \leqslant f(x) \leqslant x^2$ 对所有 x 成立.

第五步: 我们现在假设 $f(a) = 0, f(b) = b^2$, 其中 $a, b \neq 0$. 由于第二步表明 $f(x)$ 是偶函数, 因此可以假设 $a, b > 0$. 第四步给出 $f(t) = 0 \Rightarrow f(2t) = 0$, 因此可以进一步假设 $a > b > 0$. 我们现在应用原方程到 $x = a, y = 3a - b$, 得到

$$a(3a - b)f(3b - 8a) + (f(3a - b) + a(3a - b))b^2 = (f(4a - b))^2$$

由于 $f(3b - 8a) \geqslant 0, f(3a - b) \geqslant 0, a > b > 0$, 上式左端为正, 因此 $f(4a - b) \neq 0$, 于是 $f(4a - b) = (4a - b)^2$. 由于 $f(3b - 8a) \leqslant (3b - 8a)^2, f(3a - b) \leqslant (3a - b)^2$, 因此得到

$$(4a - b)^4 \leqslant a(3a - b)(3b - 8a)^2 + ((3a - b)^2 + a(3a - b))b^2$$

可以化简为 (主要应用事实 $f(x) = x^2$ 满足函数方程) $a^2(3b - 8a)^2 \leqslant 0$, 矛盾.

因此, 若存在非零 x 满足 $f(x) = 0$, 则第五步得到 $f \equiv 0$; 若不存在这样的非零 x, 则 $f(x) = x^2$ 对所有 $x \in \mathbb{R}$ 成立. 我们再检验这两个函数符合要求, 就完成了解答. □

110. 求所有的函数 $f : (0, \infty) \to (0, \infty)$, 使得若 $x, y, z > 0$ 满足 $xyz = 1$, 则有

$$f\left(x + \frac{1}{y}\right) + f\left(y + \frac{1}{z}\right) + f\left(z + \frac{1}{x}\right) = 1$$

Titu Andreescu, Nikolai Nikolov – USAMO 2018

解 设 $x = \dfrac{b}{c}, y = \dfrac{c}{a}, z = \dfrac{a}{b}$. 则方程变为 $\sum\limits_{\text{cyc}} f\left(\dfrac{b+c}{a}\right) = 1$. 设 $f(t) = g\left(\dfrac{1}{t+1}\right)$, 于是 $g(s) = f\left(\dfrac{1}{s-1}\right), g : (0, 1) \to (0, 1)$, 而且有 $\sum\limits_{\text{cyc}} g\left(\dfrac{a}{a+b+c}\right) = 1$, 或者等价地说

$$g(a) + g(b) + g(c) = 1 \tag{1}$$

对所有满足 $a + b + c = 1$ 的正实数 a, b, c 成立. 我们将证明这样的函数 g 是线性函数.

我们先证明 g 在区间 $\left[\dfrac{1}{8}, \dfrac{3}{8}\right]$ 上是线性的. 只要 $a + b \leqslant 1$, 就有

$$1 - g(1 - (a + b)) = g(a) + g(b) = 2g\left(\frac{a+b}{2}\right)$$

因此 g 在区间 $\left(0, \dfrac{1}{2}\right)$ 上满足琴生函数方程. 现在定义 $h : [0,1] \to \mathbb{R}$ 为

$$h(t) = g\left(\frac{2t+1}{8}\right) - (1-t)g\left(\frac{1}{8}\right) - t \cdot g\left(\frac{3}{8}\right)$$

于是 h 在区间 $[0,1]$ 上满足琴生函数方程. 我们已经取 $h(0) = h(1) = 0$, 因此 $h\left(\dfrac{1}{2}\right) = 0$. 由于

$$h(t) = h(t) + h\left(\frac{1}{2}\right) = 2h\left(\frac{t}{2} + \frac{1}{4}\right) = h\left(t + \frac{1}{2}\right) + h(0) = h\left(t + \frac{1}{2}\right)$$

对任意 $t < \dfrac{1}{2}$ 成立, 我们看到 h 是周期函数, $\dfrac{1}{2}$ 为周期.

因此, 如果定义 $\widetilde{h}(t) = h(t - \lfloor t \rfloor)$, 那么可以将 h 延拓为函数 $\widetilde{h} : \mathbb{R} \to \mathbb{R}$, 而且 $\widetilde{h}$ 在整个 $\mathbb{R}$ 上满足琴生函数方程. 由于 $\widetilde{h}(0) = 0$, 因此根据熟知结果, $\widetilde{h}$ 满足柯西函数方程 (因为 $\widetilde{h}(x+y) = 2\widetilde{h}\left(\dfrac{x+y}{2}\right) = \widetilde{h}(x) + \widetilde{h}(y)$, 对所有实数 x, y 成立). 但是 $\widetilde{h}$ 在 $[0,1]$ 上有下界 (因为 $g \geqslant 0$), 因此 $\widetilde{h}$ 是线性函数, 必然有 $\widetilde{h} \equiv 0$.

所以 h 是零函数, 于是 g 在 $\left[\dfrac{1}{8}, \dfrac{3}{8}\right]$ 上是线性函数.

我们可以记 $g(x) = kx + \ell$, 其中 $\dfrac{1}{8} \leqslant x \leqslant \dfrac{3}{8}$. 根据式 (1), 得到 $3g\left(\dfrac{1}{3}\right) = 1$, 因此 $k + 3\ell = 1$. 对于 $0 < x < \dfrac{1}{8}$, 我们有

$$g(x) = 2g(0.15) - g(0.3 - x) = 2(0.15k + \ell) - (k(0.3 - x) + \ell) = kx + \ell$$

所以 g 在 $\left(0, \dfrac{3}{8}\right)$ 上也是线性的.

最后, 对于 $\dfrac{3}{8} < x < 1$, 我们利用式 (1) 得到

$$1 = g\left(\frac{1-x}{2}\right) + g\left(\frac{1-x}{2}\right) + g(x) \implies g(x) = 1 - 2\left(k \cdot \frac{1-x}{2} + \ell\right) = kx + \ell$$

其中利用了 $\dfrac{1-x}{2} < \dfrac{5}{16} < \dfrac{3}{8}$. 因此 g 在 $(0,1)$ 上是线性函数.

综上所述, 得到

$$g(x) = kx + \frac{1-k}{3}, \ k \in \left[-\frac{1}{2}, 1\right]$$

$$f(x) = \frac{k}{x+1} + \frac{1-k}{3}, \ k \in \left[\frac{1}{2}, 1\right]$$

可以验证, 所有这样的函数均满足要求. $\qquad\square$

矩阵和行列式

111. (1) 计算行列式

$$\begin{vmatrix} x & y & z & v \\ y & x & v & z \\ z & v & x & y \\ v & z & y & x \end{vmatrix}$$

(2) 证明:如果四个十进制数 $\overline{abcd}, \overline{badc}, \overline{cdab}, \overline{dcba}$ 都被素数 p 整除,那么

$$a+b+c+d, a+b-c-d, a-b+c-d, a-b-c+d$$

中至少一个数被 p 整除.

Titu Andreescu – 罗马尼亚数学奥林匹克 1978

证明 (1) 将后三列加到第一列,得到 $x+y+z+v$ 整除行列式. 将第一列和第二列相加并减去后两列,得到 $x+y-z-v$ 整除行列式. 类似地得到, $x-y+z-v$ 和 $x-y-z+v$ 整除行列式. 注意到行列式为 4 次多项式,因此等于

$$\lambda(x+y+z+v)(x+y-z-v)(x-y+z-v)(x-y-z+v)j$$

其中 λ 是常数. 比较 x^4 的系数得到 $\lambda = 1$,因此

$$\begin{vmatrix} x & y & z & w \\ y & x & v & z \\ z & v & x & y \\ v & z & y & x \end{vmatrix} = (x+y+z+v)(x+y-z-v)(x-y+z-v)(x-y-z+v)$$

(2) 如上面所证,我们有

$$\Delta = \begin{vmatrix} a & b & c & d \\ b & a & d & c \\ c & d & a & b \\ d & c & b & a \end{vmatrix}$$

$$= (a+b+c+d)(a+b-c-d)(a-b+c-d)(a-b-c+d)$$

143

此外,将第一列乘以 1 000,第二列乘以 100,第三列乘以 10,然后都加到第四列,我们得到最后一列的数为 $\overline{abcd}, \overline{badc}, \overline{cdab}, \overline{dcba}$. 因为这些数都是 p 的倍数,所以 p 整除 Δ,于是 p 整除四个数 $a+b+c+d, a+b-c-d, a-b+c-d$, $a-b-c+d$ 中的至少一个. $\qquad\square$

112. 设 A 和 B 为 2×2 实数矩阵,满足

$$(AB - BA)^n = I_2$$

其中 n 是正整数. 证明:n 是偶数,并且 $(AB - BA)^4 = I_2$.

Titu Andreescu – 罗马尼亚数学奥林匹克 1987

证明 注意到对一般的两个方阵 A, B,矩阵 $AB - BA$ 的迹为零. 于是可以记

$$AB - BA = \begin{pmatrix} a & b \\ c & -a \end{pmatrix}$$

计算得到 $(AB - BA)^2 = kI_2$,其中 $k = a^2 + bc$. 若 $n = 2m + 1$ 是奇数,则有

$$(AB - BA)^{2m+1} = k^m \begin{pmatrix} a & b \\ c & -a \end{pmatrix}$$

这个矩阵的迹为零,不能等于 I_2,因此 n 是偶数. 题目中的条件给出 k 是一个单位根,实数范围内只有 1 和 -1,它们的平方均为 1. 因此有

$$(AB - BA)^4 = k^2 I_2 = I_2$$

$\square$

113. 设 P 是复系数多项式,次数 $n > 2$. 设 A 和 B 是 2×2 复矩阵,满足 $AB \neq BA, P(AB) = P(BA)$. 证明:$P(AB) = cI_2$,其中 c 是复数.

Titu Andreescu, Dorin Andrica – 数学反思 U75

证明 设 $t = \mathrm{tr}(AB) = \mathrm{tr}(BA), d = \det(AB) = \det(BA)$,则 AB 和 BA 的特征多项式相同,并且有

$$(AB)^2 = tAB - dI_2, \quad (BA)^2 = tBA - dI_2$$

这说明任何幂 $(AB)^k, k \geqslant 2$ 可以化简为 AB 和 I_2 的线性组合,而且 $(BA)^k$ 可以化简为 BA 和 I_2 同样系数的线性组合. 因此存在复常数 c_1 和 c_2,满足

$$P(AB) = c_1 AB + c_2 I_2, \quad P(BA) = c_1 BA + c_2 I_2$$

代入 $P(AB) = P(BA)$ 并利用 $AB \neq BA$ 得到 $c_1 = 0$,于是 $P(AB) = c_2 I_2$. $\quad\square$

114. 证明：对任意 $A, B \in \mathcal{M}_3(\mathbb{C})$，有

$$\det(AB - BA) = \frac{\operatorname{tr}(AB-BA)^3}{3}$$

Titu Andreescu – 蒂米什瓦拉数学杂志 6377

证明 设 $X = AB - BA$.根据凯莱–哈密顿定理，我们有 $X^3 + aX^2 + bX + cI_3 = 0$. 若记 $\lambda_1, \lambda_2, \lambda_3$ 为 X 的特征根，则有

$$a = -(\lambda_1 + \lambda_2 + \lambda_3) = -\operatorname{tr}X$$
$$b = \lambda_1\lambda_2 + \lambda_2\lambda_3 + \lambda_3\lambda_1$$
$$c = -\lambda_1\lambda_2\lambda_3 = -\det X$$

现在，$-a = \operatorname{tr}X = \operatorname{tr}(AB - BA) = \operatorname{tr}(AB) - \operatorname{tr}(BA) = 0$，因此

$$\operatorname{tr}(X^3) = \operatorname{tr}(-aX^2 - bX - cI_3)$$
$$= -a \cdot \operatorname{tr}(X^2) - b \cdot \operatorname{tr}(X) - c \cdot \operatorname{tr}(I_3)$$
$$= -c \cdot \operatorname{tr}(I_3) = -3c = 3\det X$$

就得到了所需结论. $\square$

115. 设

$$A = \begin{pmatrix} 4 & -3 & 2 \\ 15 & -10 & 6 \\ 10 & -6 & 3 \end{pmatrix}$$

求最小的正整数 n，使得 A^n 的某个元素为 2 019.

Titu Andreescu – 数学反思 U480

解法一 利用若当标准型计算得到

$$\begin{pmatrix} 4 & -3 & 2 \\ 15 & -10 & 6 \\ 10 & -6 & 3 \end{pmatrix}^n$$
$$= \frac{1}{4}\begin{pmatrix} 0 & 4 & 0 \\ 2 & 12 & 0 \\ 3 & 8 & 2 \end{pmatrix}\begin{pmatrix} -1 & 0 & 0 \\ 0 & -1 & 1 \\ 0 & 0 & -1 \end{pmatrix}^n\begin{pmatrix} -6 & 2 & 0 \\ 1 & 0 & 0 \\ 5 & -3 & 2 \end{pmatrix}$$
$$= \frac{1}{4}\begin{pmatrix} 0 & 4 & 0 \\ 2 & 12 & 0 \\ 3 & 8 & 2 \end{pmatrix}\begin{pmatrix} (-1)^n & 0 & 0 \\ 0 & (-1)^n & (-1)^{n-1}n \\ 0 & 0 & (-1)^n \end{pmatrix}\begin{pmatrix} -6 & 2 & 0 \\ 1 & 0 & 0 \\ 5 & -3 & 2 \end{pmatrix}$$
$$= \begin{pmatrix} 5(-1)^{n-1}n + (-1)^n & 3(-1)^n n & 2(-1)^{n-1}n \\ 15(-1)^{n-1}n & (-1)^n - 9(-1)^{n-1}n & 6(-1)^{n-1}n \\ 10(-1)^{n-1}n & -6n(-1)^{n-1} & 4(-1)^{n-1}n + (-1)^n \end{pmatrix}$$

由于 $2 \nmid 2\,019, 5 \nmid 2\,019, 3 \mid 2\,019$，因此只需考察三个元素 $5(-1)^{n-1}n + (-1)^n$，$3(-1)^n n, 4(-1)^{n-1}n + (-1)^n$．经过计算，我们得到当 $n = 505$ 时，$2\,019$ 在矩阵中第一次出现．因此所求的 n 为 505．$\qquad\square$

解法二 设 $A = B - I_3$．我们注意到 $B^2 = 0_3$，因此

$$A^n = (B - I_3)^n = (-1)^{(n-1)}nB + (-1)^n I_3$$

结论和解法一相同．$\qquad\square$

116. 设 A, B, C 为 n 阶方阵，满足

$$ABC = BCA = A + B + C$$

证明：$A(B + C) = (B + C)A$．

Titu Andreescu – 数学反思 U493

证明 条件 $BCA = A + B + C$ 给出

$$B + C = BCA - A$$

因此有

$$\begin{aligned}
A(B + C) &= A(BCA - A) = ABCA - A^2 = (ABC)A - A^2 \\
&= (BCA)A - A^2 = (BCA - A)A = (B + C)A
\end{aligned}$$

证毕．$\qquad\square$

117. 设 X, Y, Z 为 $n \times n$ 矩阵，满足

$$X + Y + Z = XY + YZ + ZX$$

证明：三个等式

$$\begin{aligned}
XYZ &= XZ - ZX \\
YZX &= YX - XY \\
ZXY &= ZY - YZ
\end{aligned}$$

等价．

Titu Andreescu – Gazeta Matematică Contest 1985

证明 假设 $X+Y+Z = XY+YZ+ZX$，我们发现

$$XYZ = XZ - ZX$$

等价于

$$XYZ + X + Y + Z = XZ - ZX + XY + YZ + ZX$$

于是

$$(X-I_n)(Y-I_n)(Z-I_n) = XYZ - XY - YZ - XZ + X + Y + Z - I_n = -I_n$$

矩阵 $X-I_n, Y-I_n, Z-I_n$ 均可逆. 轮换这三个因子, 得到

$$(Z-I_n)(X-I_n)(Y-I_n) = -I_n$$

因此得到

$$ZXY - XY - ZY - ZX + X + Y + Z = 0_n{}^*$$

等价于 $ZXY = ZY - YZ$. 这样就证明了: 三个等式中的第一个可以推出第三个. 将字母轮换, 我们得到三个等式都是等价的. $\qquad\square$

118. 设实数 p,q 满足 $x^2 + px + q = 0$ 无实数根. 证明: 若 n 是正奇数, 则

$$X^2 + pX + qI_n \neq 0_n$$

对任意 $n \times n$ 实矩阵 X 成立.

Titu Andreescu, I.D. Ion – 罗马尼亚数学奥林匹克

证明 假设 $X^2 + pX + qI_n = 0_n$ 对某个 $n \times n$ 实矩阵 X 成立. 等式可以写成下面的形式

$$\left(X + \frac{p}{2}I_n\right)^2 = \frac{p^2 - 4q}{4}I_n$$

两边取行列式, 并利用事实

$$\det(AB) = \det A \cdot \det B$$

我们得到

$$\left(\det\left(X + \frac{p}{2}I_n\right)\right)^2 = \left(\frac{p^2 - 4q}{4}\right)^n$$

左边为非负值, 而右边根据假设, 严格小于零, 矛盾. $\qquad\square$

---

*表示 n 阶零矩阵. ——译者注

119. 设 A 为 $n \times n$ 矩阵,满足 $A^7 = I_n$. 证明:$A^2 - A + I_n$ 是可逆矩阵,并求出它的逆矩阵.

Titu Andreescu – 数学反思 U453

证明 因为我们有 $A^8 = A$,所以

$$I_n = A^8 - A + I_n = A^2(A^6 - I_n) + A^2 - A + I_n$$

$$= (A^2 - A + I_n)(A^2(A + I_n)(A^3 - I_n) + I_n)$$

说明 $A^2 - A + I_n$ 可逆,其逆矩阵为 $A^6 + A^5 - A^3 - A^2 + I_n$. □

120. 设 A 为 n 阶方阵,并且存在正整数 k,使得 $kA^{k+1} = (k+1)A^k$. 证明:$A - I_n$ 可逆并求出它的逆矩阵.

Titu Andreescu – 数学反思 U29

证明 注意到

$$kA^k(A - I_n) - (A^k - I_n) = kA^{k+1} - (k+1)A^k + I_n = I_n$$

以及

$$A^k - I_n = (A - I_n)(A^{k-1} + A^{k-2} + \cdots + A + I_n)$$

因此

$$(A - I_n)(kA^k - A^{k-1} - A^{k-2} - \cdots - I_n) = I_n$$

说明 $(A - I_n)$ 是可逆矩阵,其逆矩阵为 $kA^k - A^{k-1} - A^{k-2} - \cdots - I_n$. □

奖 励 问 题

121. 设素数 p 模 7 余 2. 求方程组

$$\begin{cases} 7(x+y+z)(xy+yz+zx) = p(2p^2-1) \\ 70xyz + 21(x-y)(y-z)(z-x) = 2p(p^2-4) \end{cases}$$

的非负整数解.

Titu Andreescu – 数学反思 S339

解 首先注意到

$$(2x-y)(2y-z)(2z-x)$$
$$= 2xy^2 + 2zx^2 + 2yz^2 - 4y^2z - 4x^2y - 4z^2x + 7xyz$$
$$= 10xyz + 3(xy^2 + zx^2 + yz^2 - y^2z - x^2y - z^2x)$$
$$\quad - (xy^2 + yz^2 + zx^2 + x^2y + y^2z + z^2x + 3xyz)$$
$$= 10xyz + 3(x-y)(y-z)(z-x) - (x+y+z)(xy+yz+zx)$$
$$= \frac{2p(p^2-4) - p(2p^2-1)}{7} = -p$$

由于 p 是素数, 因此 $2x-y$, $2y-z$, $2z-x$ 其中之一为 p 或 $-p$, 另外两个为 1 或 -1. 注意到第一个方程关于任意两个变量对称, 第二个方程关于变量轮换对称. 因此, 不妨设

$$|2x-y| = p, |2y-z| = |2z-x| = 1$$

注意到

$$(2x-y) + (2y-z) + (2z-x) = x+y+z$$

如果 $2x-y = -p$, 那么 $2y-z = 2z-x = \pm1$, $x+y+z = \pm2 - p \leqslant 0$. 然而 x, y, z 都是非负的, 因此 $x = y = z = 0$, 与 $2x-y = -p$ 矛盾. 因此有 $2x-y = p$, $2y-z = -(2z-x) = \pm1$, 给出两种情况:

149

情况 1. $2y - z = 1$，于是 $2z - x = -1$，$z = \dfrac{x-1}{2}$，$y = \dfrac{x+1}{4}$．于是 $x \equiv 3 \pmod 4$，存在整数 k，使得 $x = 4k + 3$，$y = k + 1$，$z = 2k + 1$．然后有 $p = x + y + z = 7k + 5 \equiv 5 \pmod 7$，与题目条件矛盾．这种情况下无解．

情况 2. $2y - z = -1$，于是 $2z - x = 1$，$z = \dfrac{x+1}{2}$，$y = \dfrac{x-1}{4}$．于是 $x \equiv 1 \pmod 4$，存在整数 k，使得 $x = 4k + 1$，$y = k$，$z = 2k + 1$．然后有 $p = x + y + z = 7k + 2 \equiv 2 \pmod 7$，满足要求．直接代入可知，这个形式的 x，y，z 对非负的整数 k 给出了方程的解，包括 $k = 0$ 时给出 $p = 2$．

去掉不妨设的条件，我们得到所有解为

$$(x, y, z) = (4k+1, k, 2k+1),\ (k, 2k+1, 4k+1),\ (2k+1, 4k+1, k)$$

其中非负整数 k 满足 $p = 7k + 2$ 是素数． $\square$

122. 设 (a, b, c, d, e, f) 为正实数的 6 元组，满足方程组

$$\begin{cases} 2a^2 - 6b^2 - 7c^2 + 9d^2 = -1 \\ 9a^2 + 7b^2 + 6c^2 + 2d^2 = e \\ 9a^2 - 7b^2 - 6c^2 + 2d^2 = f \\ 2a^2 + 6b^2 + 7c^2 + 9d^2 = ef \end{cases}$$

证明：$a^2 - b^2 - c^2 + d^2 = 0$ 当且仅当 $7 \cdot \dfrac{a}{b} = \dfrac{c}{d}$．

Titu Andreescu – 数学反思 S211

证明 将第二个方程与第三个方程相乘，然后同第一个方程与第四个方程的乘积相加．然后利用平方差公式得到

$$0 = ef + (-1)ef$$
$$= (9a^2 + 2d^2)^2 - (7b^2 + 6c^2)^2 + (2a^2 + 9d^2)^2 - (6b^2 + 7c^2)^2$$
$$= 85(a^2 + b^2 + c^2 + d^2)(a^2 - b^2 - c^2 + d^2) - 98a^2d^2 + 2b^2c^2$$

由于 a，b，c，$d > 0$，因此 $a^2 + b^2 + c^2 + d^2 \neq 0$．于是 $a^2 - b^2 - c^2 + d^2 = 0$ 当且仅当 $98a^2d^2 = 2b^2c^2$，即 $7 \cdot \dfrac{a}{b} = \dfrac{c}{d}$． $\square$

123. 求所有的整数 $n \geqslant 3$，使得对于任意 n 个正实数 $a_1, a_2, \cdots, a_n$，若它们满足

$$\max\{a_1, a_2, \cdots, a_n\} \leqslant n \cdot \min\{a_1, a_2, \cdots, a_n\}$$

则其中存在三个数，可以构成一个锐角三角形三边的边长．

Titu Andreescu – *USAMO* 2012

解 首先,定义斐波那契数列为

$$F_1 = F_2 = 1, F_k = F_{k-1} + F_{k-2}, k \geqslant 3$$

若 n 满足 $F_n \leqslant n^2$,则取数列 a_n 为 $a_k = \sqrt{F_k}, 1 \leqslant k \leqslant n$. 容易验证这样的数列满足最大的项不超过最小的项的 n 倍. 进一步,其中任意三项

$$x = \sqrt{F_a}, y = \sqrt{F_b}, z = \sqrt{F_c}, a < b < c$$

满足

$$x^2 + y^2 = F_a + F_b \leqslant F_{b-1} + F_b = F_{b+1} \leqslant F_c = z^2$$

于是 x, y, z 不构成锐角三角形. 因此,满足 $F_n \leqslant n^2$ 的 n 不符合要求.

现在,我们证明上面的界是最佳的. 不妨设序列是非减的,于是我们将证明:如果序列 $a_1 \leqslant \cdots \leqslant a_n$ 满足

$$a_n < \sqrt{F_n} \cdot a_1$$

那么存在序列中的三项,可以成为一个锐角三角形三边的长度.

我们对 n 用归纳法证明. 当 $n = 3$ 时,由于 $F_3 = 2$,因此 $a_3^2 < 2a_1^2 \leqslant a_1^2 + a_2^2$,说明 a_1, a_2, a_3 构成锐角三角形的三边长.

现在如果 $a_{n-2} < \sqrt{F_{n-2}} \cdot a_1$,或者 $a_{n-1} < \sqrt{F_{n-1}} \cdot a_1$,那么根据归纳假设,我们可以取 $a_1, \cdots, a_{n-2}$ 或者 $a_1, \cdots, a_{n-1}$ 中的三项构成锐角三角形三边的长度.

于是设 $a_{n-2}^2 \geqslant F_{n-2}a_1^2$ 并且 $a_{n-1}^2 \geqslant F_{n-1}a_1^2$. 然后有

$$a_n^2 < F_n a_1^2 = F_{n-2}a_1^2 + F_{n-1}a_1^2 \leqslant a_{n-2}^2 + a_{n-1}^2$$

因此 a_{n-2}, a_{n-1}, a_n 构成了锐角三角形的三边长.

现在注意到 $F_{12} = 144 = 12^2$, $F_{13} = 233 > 169 = 13^2$. 容易用归纳法证明: $F_n > n^2$ 对所有 $n \geqslant 13$ 成立. 因此 $n \geqslant 13$ 为所求的解集. $\square$

124. 一台计算机随机地将数字 1 到 64 分别填入 8×8 的表格,然后又重复填了一次. 设 n_k 为第一次填入 k 的方格中第二次填的数. 已知 $n_{17} = 18$,求

$$|n_1 - 1| + |n_2 - 2| + \cdots + |n_{64} - 64| = 2\,018$$

的概率.

Titu Andreescu – 数学反思 O450

解 $(n_k)_{k=1}^{64}$ 是 $1, 2, \cdots, 64$ 的排列, 其中有 63! 种满足 $n_{17} = 18$. 注意到我们可以将求和

$$|n_1 - 1| + |n_2 - 2| + \cdots + |n_{64} - 64|$$

写成

$$\sum_{k=1}^{64} (\max\{k, n_k\} - \min\{k, n_k\})$$

因此求和展开后有 64 项系数为 $+1$, 有 64 项系数为 -1, 并且 $1, 2, \cdots, 64$ 中每个值出现两次. 不考虑 $n_{17} = 18$ 的限制条件时,

$$|n_1 - 1| + |n_2 - 2| + \cdots + |n_{64} - 64|$$

的最大值为

$$(-1 - 1 - 2 - 2 - \cdots - 32 - 32) + (33 + 33 + 34 + 34 + \cdots + 64 + 64) = 2\,048$$

当且仅当

$$\{n_1, n_2, \cdots, n_{32}\} = \{33, 34, \cdots, 64\}$$

$$\{n_{33}, n_{34}, \cdots, n_{64}\} = \{1, 2, \cdots, 32\}$$

时取到最大值. 由于已知 $n_{17} = 18$, 因此 $18 = \max\{17, n_{17}\}$ 出现在正项中. 于是 $33, 34, \cdots, 64$ 之一移动到负项中. 如果移动最小的项 33, 那么求和变为 $2\,048 - 2 \cdot 15 = 2\,018$. 因此要得到目标值, 只能这样移动. 考虑 33 出现在负项中的方式*, 存在 $k \geqslant 33$, $n_k = 33$ 或者 $n_{33} = k$. 记 $A = \{1, 2, \cdots, 32\}$, $B = \{33, 34, \cdots, 64\}$, $n(A)$ 表示集合 $\{n_k | k \in A\}$.

• 若 $n_{33} = 33$, 则 $n(A \setminus \{17\}) = B \setminus \{33\}$, $n(B \setminus \{33\}) = A \setminus \{18\}$, $n_{17} = 18$. 此类排列有 $31! \cdot 31!$ 个.

• 若 $n_{33} = k > 33$, 则 $n(A \setminus \{17\}) = B \setminus \{k\}$, $n(B \setminus \{33\}) = A \setminus \{18\}$, $n_{17} = 18$. 此类排列有 $31 \cdot 31! \cdot 31!$ 个.

• 若 $n_k = 33$, $k > 33$, 则 $n(A \setminus \{17\}) = B \setminus \{33\}$, $n(B \setminus \{k\}) = A \setminus \{18\}$, $n_{17} = 18$. 此类排列有 $31 \cdot 31! \cdot 31!$ 个.

因此所求的概率为

$$\frac{31! \cdot 31! + 31 \cdot 31! \cdot 31! + 31 \cdot 31! \cdot 31!}{63!} = \frac{31!31!}{62!} = \frac{1}{\binom{62}{31}} \qquad \square$$

---

*此处开始原证明有误, 译者修改了后面的部分. ——译者注

125. 求所有的整系数多项式 $P(x)$,对所有实数 x,满足

$$P(P'(x)) = P'(P(x))$$

Titu Andreescu – 蒂米什瓦拉数学杂志 3902

解 设整系数多项式 $P(x)$ 为

$$P(x) = a_0 x^n + a_1 x^{n-1} + \cdots + a_n, a_0 \neq 0$$

于是

$$P'(x) = na_0 x^{n-1} + (n-1)a_1 x^{n-2} + \cdots + a_{n-1}$$

考察关系式

$$P(P'(x)) = P'(P(x))$$

中的 $x^{(n-1)n}$ 系数得到

$$a_0^{n+1} \cdot n^n = a_0^n \cdot n \ \Rightarrow \ a_0 = \frac{1}{n^{n-1}}$$

由于 a_0 必须是整数,因此 $n = 1, a_0 = 1$. 又由 $P(x) = x + a_1$, $P'(x) = 1$, $P(P'(x)) = P'(P(x))$ 给出 $1 + a_1 = 1, a_1 = 0$.

因此 $P(x) = x$ 是唯一满足题目条件的多项式. $\hfill\square$

126. 设 a, b, c 是正实数. 证明:

$$\frac{1}{a+b+\dfrac{1}{abc}+1} + \frac{1}{b+c+\dfrac{1}{abc}+1} + \frac{1}{c+a+\dfrac{1}{abc}+1} \leqslant \frac{a+b+c}{a+b+c+1}$$

Titu Andreescu – 数学反思 O193

证法一 记 $d = \dfrac{1}{abc}$,不等式变为

$$\frac{1}{a+b+d+1} + \frac{1}{b+c+d+1} + \frac{1}{c+a+d+1} + \frac{1}{a+b+c+1} \leqslant 1$$

设 $x = \sqrt[4]{a}, y = \sqrt[4]{b}, z = \sqrt[4]{c}, w = \sqrt[4]{d}$. 于是 $xyzw = \sqrt[4]{abcd} = 1$,只需证明

$$\sum \frac{1}{x^4+y^4+z^4+zyxw} \leqslant 1 \tag{1}$$

但是 $x^4 + y^4 + z^4 \geqslant x^2 y^2 + y^2 z^2 + z^2 x^2$,因此

$$\begin{aligned}
x^4 + y^4 + z^4 &\geqslant \frac{x^4+y^4+z^4+x^2 y^2+y^2 z^2+z^2 x^2}{2} \\
&= \frac{x^4+y^2 z^2}{2} + \frac{y^4+z^2 x^2}{2} + \frac{z^4+x^2 y^2}{2} \\
&\geqslant x^2 yz + y^2 zx + z^2 xy = xyz(x+y+z)
\end{aligned}$$

其中我们使用了三次均值不等式. 同样的结果也可以用排序不等式得到. 因此

$$
\begin{aligned}
\frac{1}{x^4 + y^4 + z^4 + xyzw} &\leqslant \frac{1}{xyz(x + y + z) + xyzw} \\
&= \frac{1}{xyz(x + y + z + w)} \\
&= \frac{w}{x + y + z + w}
\end{aligned}
$$

相加得到

$$
\sum \frac{1}{x^4 + y^4 + z^4 + xyzw} \leqslant \sum \frac{w}{x + y + z + w} = 1
$$

□

证法二 设 $d = \dfrac{1}{abc}$. 要证的不等式可以变为

$$
\frac{1}{a + b + c + 1} + \frac{1}{a + b + d + 1} + \frac{1}{a + c + d + 1} + \frac{1}{b + c + d + 1} \leqslant 1
$$

其中 a, b, c, d 是正数, 满足 $abcd = 1$. 设 $f(a, b, c, d)$ 表示左端的函数. 根据对称性, 我们可以假设 d 是四个数中最大的. 注意到对于 $t \geqslant \sqrt{ab}$, 有

$$
\frac{2}{t + \sqrt{ab}} - \frac{1}{t + a} - \frac{1}{t + b} = \frac{(a + b - 2\sqrt{ab})(t - \sqrt{ab})}{(t + a)(t + b)(t + \sqrt{ab})} \geqslant 0
$$

因此, 对

$$
t = c + d + 1 \geqslant d + 1 > \max\{a, b\} \geqslant \sqrt{ab}
$$

应用上面的不等式到 $f(a, b, c, d)$ 中的后两项, 然后应用均值不等式 $a + b \geqslant 2\sqrt{ab}$ 到前两项, 得到

$$
f(a, b, c, d) \leqslant f(\sqrt{ab}, \sqrt{ab}, c, d)
$$

迭代这个过程, 并利用 a, b, c 之间的对称性, 我们可以得到: 对固定的 $d = \max\{a, b, c, d\}$, 当 $a = b = c$ 时 f 取到最大值. 记 $d = x^3$, 得到

$$
1 - f(a, b, c, d) \geqslant 1 - f\left(\frac{1}{x}, \frac{1}{x}, \frac{1}{x}, x^3\right) = \frac{3(x - 1)^2(x^2 + 2x + 2)}{(3 + x)(x^4 + x + 2)} \geqslant 0
$$

证明完毕. □

127. 设整数数列 $1 < n_1 < n_2 < \cdots < n_k < \cdots$ 中任意两数不相邻. 证明: 对所有正整数 m, 在 $n_1 + n_2 + \cdots + n_m$ 和 $n_1 + n_2 + \cdots + n_{m+1}$ 之间存在完全平方数.

Titu Andreescu – Gazeta Matematică, Problem O:113

证明 容易证明:若 $a > b \geqslant 0$, $\sqrt{a} - \sqrt{b} > 1$,则 (b, a) 中有完全平方数——只需取 $([\sqrt{b}] + 1)^2$ 即可. 因此,我们只需证明

$$\sqrt{n_1 + \cdots + n_{m+1}} - \sqrt{n_1 + \cdots + n_m} > 1, \ m \geqslant 1$$

这等价于

$$n_1 + \cdots + n_m + n_{m+1} > (1 + \sqrt{n_1 + n_2 + \cdots + n_m})^2$$

化简为

$$n_{m+1} > 1 + 2\sqrt{n_1 + n_2 + \cdots + n_m}, \ m \geqslant 1$$

我们对 m 用归纳法证明. 当 $m = 1$ 时,我们需要证明 $n_2 > 1 + 2\sqrt{n_1}$. 事实上

$$n_2 \geqslant n_1 + 2 = 1 + (1 + n_1) > 1 + 2\sqrt{n_1}$$

假设命题对某个 $m \geqslant 1$ 成立. 则有

$$n_{m+1} - 1 > 2\sqrt{n_1 + \cdots + n_m}$$

因此 $(n_{m+1} - 1)^2 > 4(n_1 + \cdots + n_m)$,于是有

$$(n_{m+1} + 1)^2 > 4(n_1 + \cdots + n_{m+1})$$

这说明 $n_{m+1} + 1 > 2\sqrt{n_1 + \cdots + n_{m+1}}$. 由于 $n_{m+2} - n_{m+1} \geqslant 2$,因此有

$$n_{m+2} > 1 + 2\sqrt{n_1 + \cdots + n_{m+1}}$$

证毕. $\qquad\qquad\qquad\qquad\qquad\qquad\qquad\qquad\qquad\qquad\qquad\qquad\qquad\square$

128. 设实数 a, b, c, d 满足 $a + b + c + d = 2$. 证明:

$$\frac{a}{a^2 - a + 1} + \frac{b}{b^2 - b + 1} + \frac{c}{c^2 - c + 1} + \frac{d}{d^2 - d + 1} \leqslant \frac{8}{3}$$

Titu Andreescu – 数学反思 O231

证明 变量替换

$$x = a - \frac{1}{2}, \ y = b - \frac{1}{2}, \ z = c - \frac{1}{2}, \ w = d - \frac{1}{2}$$

将不等式变为

$$\frac{4x + 2}{4x^2 + 3} + \frac{4y + 2}{4y^2 + 3} + \frac{4z + 2}{4z^2 + 3} + \frac{4w + 2}{4w^2 + 3} \leqslant \frac{8}{3}$$

其中 $x+y+z+w=0$. 进一步化为

$$\frac{(2x-1)^2}{4x^2+3}+\frac{(2y-1)^2}{4y^2+3}+\frac{(2z-1)^2}{4z^2+3}+\frac{(2w-1)^2}{4w^2+3}\geqslant\frac{4}{3}$$

由于

$$4x^2=3x^2+(y+z+w)^2\leqslant 3x^2+3(y^2+z^2+w^2)$$

因此有

$$\frac{(2x-1)^2}{4x^2+3}\geqslant\frac{(2x-1)^2}{3(x^2+y^2+z^2+w^2+1)}$$

等号成立当且仅当 $x=\dfrac{1}{2}$ 或者 $y=z=w$. 将类似的不等式相加,利用 $x+y+z+w=0$,得到

$$(2x-1)^2+(2y-1)^2+(2z-1)^2+(2w-1)^2=4(x^2+y^2+z^2+w^2+1)$$

于是得到结论. 等号成立当且仅当 $x=y=z=w=0$ 或者 $x=y=z=\dfrac{1}{2}$, $w=-\dfrac{3}{2}$ 及其排列. 这说明 $a=b=c=d=\dfrac{1}{2}$ 或者 a,b,c,d 中的三个等于 1,另一个为 -1. □

129. 设奇数 n 不小于 5. 证明:

$$\binom{n}{1}-5\binom{n}{2}+5^2\binom{n}{3}-\cdots+5^{n-1}\binom{n}{n}$$

不是素数.

Titu Andreescu – 韩国数学奥林匹克 2001

证明 设 $N=\dbinom{n}{1}-5\dbinom{n}{2}+5^2\dbinom{n}{3}-\cdots+5^{n-1}\dbinom{n}{n}$,则有

$$5N=1-1+5\binom{n}{1}-5^2\binom{n}{2}+5^3\binom{n}{3}-\cdots+5^n\binom{n}{n}=1+(-1+5)^n$$

因此

$$\begin{aligned}N&=\frac{1}{5}(4^n+1)=\frac{1}{5}\left((2^n+1)^2-\left(2^{\frac{n+1}{2}}\right)^2\right)\\&=\frac{1}{5}\left(2^n-2^{\frac{n+1}{2}}+1\right)\left(2^n+2^{\frac{n+1}{2}}+1\right)\\&=\frac{1}{5}\left(\left(2^{\frac{n-1}{2}}-1\right)^2+2^{n-1}\right)\left(\left(2^{\frac{n-1}{2}}+1\right)^2+2^{n-1}\right)\end{aligned}$$

因为 $n\geqslant 5$,所以分子的两个因子均大于 5. 其中一个是 5 的倍数,记为 $5N_1$, $N_1>1$,另一个记为 N_2. 于是 $N=N_1N_2$,其中 N_1,N_2 均为大于 1 的整数,这样就完成了证明. □

130. 求所有的非负整数对 (x, y)，使得 $x^2 + 3y$ 和 $y^2 + 3x$ 都是完全平方数.

Titu Andreescu

解 不等式

$$x^2 + 3y \geqslant (x+2)^2, \quad y^2 + 3x \geqslant (y+2)^2$$

不能同时成立，否则相加得到

$$0 \geqslant x + y + 8$$

显然矛盾. 因此 $x^2 + 3y < (x+2)^2$ 和 $y^2 + 3x < (y+2)^2$ 至少有一个成立. 不妨设 $x^2 + 3y < (x+2)^2$. 从 $x^2 < x^2 + 3y < (x+2)^2$ 得到 $x^2 + 3y = (x+1)^2$，于是 $3y = 2x+1$. 因此 $x = 3k+1, y = 2k+1, k \geqslant 0$ 是整数，于是 $y^2 + 3x = 4k^2 + 13k + 4$. 若 $k > 5$，则有

$$(2k+3)^2 < 4k^2 + 13k + 4 < (2k+4)^2$$

于是 $y^2 + 3x$ 不能是完全平方数. 容易验证：当 $k \in \{1, 2, 3, 4\}$ 时，$y^2 + 3x$ 不是完全平方数. 当 $k = 0$ 时，$y^2 + 3x = 4 = 2^2$，我们得到解 $x = y = 1$. 当 $k = 5$ 时，$y^2 + 3x = 13^2$，我们得到解 $x = 16, y = 11$.

因此问题的所有解为 $(x, y) \in \{(1,1), (16, 11), (11, 16)\}$. □

131. 设 $n > 1$ 是整数. 证明：不存在无理数 a，使得

$$\sqrt[n]{a + \sqrt{a^2 - 1}} + \sqrt[n]{a - \sqrt{a^2 - 1}}$$

是有理数.

Titu Andreescu – 罗马尼亚国家队选拔考试 1977

证明 用反证法，假设存在无理数 a，使得

$$A = \sqrt[n]{a + \sqrt{a^2 - 1}} + \sqrt[n]{a - \sqrt{a^2 - 1}} \in \mathbb{Q}$$

设 $\alpha = \sqrt[n]{a + \sqrt{a^2 - 1}}$，注意到 $\sqrt[n]{a - \sqrt{a^2 - 1}} = \dfrac{1}{\alpha}$. 因此 $A = \alpha + \dfrac{1}{\alpha}$ 是有理数. 我们证明 $\alpha^n + \dfrac{1}{\alpha^n}$ 是有理数. 事实上有

$$\alpha^2 + \frac{1}{\alpha^2} = \left(\alpha + \frac{1}{\alpha}\right)^2 - 2 \in \mathbb{Q}$$

以及

$$\alpha^3 + \frac{1}{\alpha^3} = \left(\alpha + \frac{1}{\alpha}\right)^3 - 3\left(\alpha + \frac{1}{\alpha}\right) \in \mathbb{Q}$$

利用恒等式

$$\alpha^k + \frac{1}{\alpha^k} = \left(\alpha^{k-1} + \frac{1}{\alpha^{k-1}}\right)\left(\alpha + \frac{1}{\alpha}\right) - \left(\alpha^{k-2} + \frac{1}{\alpha^{k-2}}\right)$$

用归纳法给出: 对所有正整数 k, $\alpha^k + \dfrac{1}{\alpha^k}$ 都是有理数. 因此 $\alpha^n + \dfrac{1}{\alpha^n}$ 是有理数. 于是 $a + \sqrt{a^2-1} + a - \sqrt{a^2-1} = 2a$ 是有理数, 矛盾. 这样就完成了证明.   □

132. 设正实数 a, b, c 满足

$$a + b + c \geqslant abc$$

证明: 不等式

$$\frac{2}{a} + \frac{3}{b} + \frac{6}{c} \geqslant 6, \quad \frac{2}{b} + \frac{3}{c} + \frac{6}{a} \geqslant 6, \quad \frac{2}{c} + \frac{3}{a} + \frac{6}{b} \geqslant 6$$

中至少有两个成立.

Titu Andreescu – USA 国家队选拔考试 2001

证法一 用反证法, 假设三个数

$$\frac{2}{a} + \frac{3}{b} + \frac{6}{c}, \quad \frac{2}{b} + \frac{3}{c} + \frac{6}{a}, \quad \frac{2}{c} + \frac{3}{a} + \frac{6}{b}$$

至少有两个小于 6. 不妨设第一个和最后一个小于 6. 于是有

$$\frac{5}{a} + \frac{9}{b} + \frac{8}{c} < 12$$

此外, 由于 $b + c \geqslant a(bc - 1)$, 因此有

$$\frac{1}{a} \geqslant \frac{bc - 1}{b + c}$$

于是得到

$$\frac{5(bc - 1)}{b + c} + \frac{9}{b} + \frac{8}{c} < 12$$

即

$$5b^2c^2 + 12bc - 12b^2c - 12bc^2 + 9c^2 + 8b^2 < 0 \tag{1}$$

配方得到

$$(2bc - 2b - 3c)^2 + b^2(c - 2)^2 < 0$$

矛盾. 这样就证明了结论. 要使等号成立, 即三个数

$$\frac{2}{a} + \frac{3}{b} + \frac{6}{c}, \quad \frac{2}{b} + \frac{3}{c} + \frac{6}{a}, \quad \frac{2}{c} + \frac{3}{a} + \frac{6}{b}$$

中恰有两个等于 6, 必然有 $c - 2 = 0, 2bc - 2b - 3c = 0$, 即 $c = 2, b = 3, a = 1$. 可以验证此时三个式子恰有两个为 6.

因此, 等号成立当且仅当 (a, b, c) 为 $(1, 3, 2), (3, 2, 1), (2, 1, 3)$ 其中之一.   □

证法二 同上,当我们得到式 (1) 时,将其写成 b 的二次式,得到

$$(5c^2 - 12c + 8)b^2 - 12c(c-1)b + 9c^2 < 0$$

首项系数

$$5c^2 - 12c + 8 = 5\left(c - \frac{6}{5}\right)^2 + \frac{4}{5}$$

总是正的,而判别式

$$\Delta = (12c(c-1))^2 - 36c^2(5c^2 - 12c + 8) = -36c^2(c-2)^2$$

总是非正的,矛盾. □

证法三 设 $x = \dfrac{1}{a}, y = \dfrac{1}{b}, z = \dfrac{1}{c}$. 只需证明:

$$2x + 3y + 6z \geqslant 6, \; 2y + 3z + 6x \geqslant 6, \; 2z + 3x + 6y \geqslant 6$$

中至少有两个成立,其中

$$x, y, z > 0, \; xy + yz + zx \geqslant 1$$

用反证法,假设其中至少两个不等式不成立. 不妨设

$$2x + 3y + 6z < 6, \; 2y + 3z + 6x < 6$$

于是有

$$
\begin{aligned}
144 &> \left((2x + 3y + 6z) + (2y + 3z + 6x)\right)^2 \\
&= (8x + 5y + 9z)^2 \\
&= 64x^2 + 80xy + 25y^2 + 81z^2 + 90yz + 144zx \\
&= 64x^2 - 64xy + 16y^2 + 9y^2 - 54yz + 81z^2 + 144(xy + yz + zx) \\
&= (8x - 4y)^2 + (3y - 9z)^2 + 144 \geqslant 144
\end{aligned}
$$

矛盾. 因此假设错误,至少有两个目标不等式成立.

要得到等号成立条件,即

$$\frac{2}{a} + \frac{3}{b} + \frac{6}{c}, \; \frac{2}{b} + \frac{3}{c} + \frac{6}{a}, \; \frac{2}{c} + \frac{3}{a} + \frac{6}{b}$$

中有两个等于 6,必然有 $8x - 4y = 3y - 9z = 0$,即

$$a : b : c = \frac{1}{x} : \frac{1}{y} : \frac{1}{z} = 2 : 1 : 3$$

于是等号成立当且仅当

$$(a, b, c) = (1, 3, 2), (3, 2, 1), (2, 1, 3)$$ □

133. 求实数 $a, b, c, d, e \in [-2, 2]$，满足

$$\begin{cases} a+b+c+d+e=0 \\ a^3+b^3+c^3+d^3+e^3=0 \\ a^5+b^5+c^5+d^5+e^5=10 \end{cases}$$

Titu Andreescu – 罗马尼亚数学奥林匹克 2002

解 根据题目条件，存在实数 x, y, z, t, u，使得

$$a = 2\cos x,\ b = 2\cos y,\ c = 2\cos z,\ d = 2\cos t,\ e = 2\cos u$$

将恒等式

$$2\cos 5\alpha = (2\cos\alpha)^5 - 5(2\cos\alpha)^3 + 5(2\cos\alpha)$$

分别代入 $\alpha = x, y, z, t, u$ 并相加，得到

$$\sum 2\cos 5x = \sum a^5 - 5\sum a^3 + 5\sum a = 10$$

于是

$$\sum \cos 5x = 5$$

然后有

$$\cos 5x = \cos 5y = \cos 5z = \cos 5t = \cos 5u = 1$$

因此 $a, b, c, d, e \in \left\{2, \dfrac{\sqrt 5 - 1}{2}, -\dfrac{\sqrt 5 + 1}{2}\right\}$.

根据关系式 $a+b+c+d+e=0$ 得到，五个数其中一个为 2，两个为 $\dfrac{\sqrt 5 - 1}{2}$，另外两个为 $-\dfrac{\sqrt 5 + 1}{2}$. 容易验证这些数满足题目条件. $\qquad\square$

134. 设 p 为奇素数. 定义数列 (a_n) 如下：$a_0 = 0, a_1 = 1, \cdots, a_{p-2} = p-2$，对所有 $n \geqslant p-1, a_n > a_{n-1}$，且 a_n 是与前面任何项不构成长度为 p 的等差数列的最小的正整数. 证明：对所有 n, a_n 可以如下得到：将 n 在 $p-1$ 进制中写出，然后看成 p 的数.

Titu Andreescu – *USAMO* 1995

证明 如果 $\mathbb{N}$ 的一个子集不包含长度为 p 的等差数列，那么我们称其为"p 自由的". 设 b_n 为将 n 在 $p-1$ 进制下写出，然后理解为 p 进制数得到的数.

容易利用集合 $B = \{b_0, b_1, \cdots, b_n, \cdots\}$ 的下列性质 (其证明延后)，用归纳法证明 $a_n = b_n$，对所有 $n = 0, 1, 2, \cdots$ 成立.

(1) B 是 p 自由的集合.

(2) 若整数 a 满足 $b_{n-1} < a < b_n$,其中 $n \geqslant 1$,则集合 $\{b_0, b_1, \cdots, b_{n-1}, a\}$ 不是 p 自由的.

事实上,假设 (1) 和 (2) 成立. 根据 a_k 和 b_k 的定义,我们有 $a_k = b_k$ 对 $k = 0, 1, \cdots, p-2$ 成立. 假设 $a_k = b_k$ 对所有 $k \leqslant n-1$ 成立,其中 $n \geqslant p-1$. 根据 (1),集合

$$\{a_0, a_1, \cdots, a_{n-1}, b_n\} = \{b_0, b_1, \cdots, b_{n-1}, b_n\}$$

为 p 自由的,所以 $a_n \leqslant b_n$. 此外,根据 (2),$a_n < b_n$ 不能成立. 因此 $a_n = b_n$,我们完成了归纳.

现在只需证明 (1) 和 (2). 注意到 B 包含了所有 p 进制下不含数码 $p-1$ 的数. 假设 $a, a+d, \cdots, a+(p-1)d$ 是任意 p 项等差数列. 将 d 写成 $d = p^m k$ 的形式,其中 $\gcd(k, p) = 1$. 于是在 p 进制下,d 的末尾有 m 个零,倒数第 $m+1$ 位为非零数码,记为 δ. 若 α 是 a 在 p 进制下倒数第 $m+1$ 位的数码,则 $a, a+d, \cdots,$ $a+(p-1)d$ 在 p 进制下的倒数第 $m+1$ 位数码分别为 $\alpha, \alpha+\delta, \cdots, \alpha+(p-1)\delta$ 模 p 的值. 由于 δ 非零,因此 $\alpha, \alpha+\delta, \cdots, \alpha+(p-1)\delta$ 构成模 p 的完全剩余系,其中某个同余于 $p-1 \pmod{p}$,因此对应的项不属于 B. 这样就证明了 (1).

要证明 (2),首先注意到:若 $b_{n-1} < a < b_n$,则 $a \notin B$. 由于 B 恰好包含 p 进制下不含数码 $p-1$ 的数,因此 a 在 p 进制下必然包含 $p-1$. 在 p 进制下将 a 的每个数码替换:若数码不是 $p-1$,则替换为 0;若数码是 $p-1$,则替换为 1,得到的数记为 d. 考虑等差数列

$$a-(p-1)d, a-(p-2)d, \cdots, a-d, a$$

由 d 的定义,上面前 $p-1$ 项的 p 进制表示不含数码 $p-1$,因此属于 $\{b_0, \cdots, b_{n-1}\}$,并且小于 a. 因此集合 $\{b_0, b_1, \cdots, b_{n-1}, a\}$ 不是 p 自由的,这样就证明了 (2). $\square$

135. 证明:对任意正整数 n,$3^{3^n} + 1$ 可以写成至少 $2n+1$ 个素数 (不要求不同) 的乘积.

Titu Andreescu

证明 我们对 n 用归纳法证明. 当 $n = 1$ 时,$3^3 + 1 = 2 \cdot 2 \cdot 7$,因此性质成立. 假设性质对 n 成立,记 $3^{3^n} = m$. 根据归纳假设,$m+1$ 是至少 $2n+1$ 个素数的乘积,然后有

$$3^{3^{n+1}} + 1 = m^3 + 1 = (m+1)(m^2 - m + 1)$$

因为 $m^2 - m + 1 = (m+1)^2 - 3m$,而 $3m = \left(3^{\frac{3^n+1}{2}}\right)^2$,所以 $m^2 - m + 1$ 可以分解成两个大于 1 的部分的乘积,贡献至少两个素因子. 这就完成了归纳证明. $\square$

136. 设 $g : \mathbb{N} \to \mathbb{N}$ 是一个一一映射, 满足 $\mathbb{N} \setminus g(\mathbb{N})$ 为无限集. 是否对任意正整数 $n \geqslant 2$, 存在 g 的 n 次函数根, 即函数 $f : \mathbb{N} \to \mathbb{N}$, 满足

$$f \circ \cdots \circ f = g$$

其中 f 出现 n 次?

Titu Andreescu, Marian Tetiva – 数学反思 U495

解 结论不一定成立. 考虑函数 $g : \mathbb{N} \to \mathbb{N}$,

$$g(0) = 1, \, g(1) = 0, \, g(k) = 2k, \, k \geqslant 2$$

设 $n = 2$. 注意到 g 显然是单射, $0, 1$ 分别为 $1, 0$ 的像, 大于或等于 4 的偶数为它的一半的像, g 不取其他的值. 还注意到 $\mathbb{N} \setminus g(\mathbb{N})$ 包含 2 和大于或等于 3 的奇数, 是无限集. 假设存在函数平方根 f, 设 $f(0) = u$. 注意到 $u \neq 0$, 否则有

$$1 - g(0) - f(f(0)) = f(0) = 0$$

矛盾. 注意到 $u \neq 1$, 否则有

$$f(1) = f(f(0)) = g(0) = 1 \, \Rightarrow \, 0 = g(1) = f(f(1)) = f(1) = 1$$

矛盾. 因此 $u \geqslant 2$, 然后依次得到

$$1 = g(0) = f(f(0)) = f(u)$$

$$2u = g(u) = f(f(u)) = f(1)$$

$$0 = g(1) = f(f(1)) = f(2u)$$

$$u = f(0) = f(f(2u)) = g(2u) = 4u$$

与 $u \neq 0$ 矛盾. 因此在这种情况下, 不存在 g 的函数平方根. □

注 考虑额外的假设 $g(x) \geqslant x$, 对所有 $x \in \mathbb{N}$ 成立. 此时, 设

$$F = \{x : \, g(x) = x\}$$

为 g 的所有不动点. 设 $x_{1,0}, x_{2,0}, \cdots$ 为不在 g 的像中的点, 即 $\mathbb{N} \setminus g(\mathbb{N})$ 中的元素. 从每个这样的点, 我们可以通过不断应用 g, 定义一个序列

$$x_{i,1} = g(x_{i,0}), \, x_{i,2} = g(x_{i,1}), \cdots$$

由于 g 是单射,因此这些序列不会循环,也不会有公共点 (如果 $x_{i,m} = x_{i',m'}$,其中 $(i,m) \neq (i',m'), m, m' > 0$,那么

$$g(x_{i,m-1}) = g(x_{i',m'-1})$$

与 g 是单射矛盾. 如果有 $x_{i,0} = x_{i',m'}$,那么和 $x_{i,0}$ 不属于 g 的像矛盾.)

容易看到这些链和不动点集 F 覆盖了 $\mathbb{N}$ 中的所有元素. 实际上,如果 $y \in \mathbb{N}$ 不是不动点,也不属于 $\mathbb{N} \setminus g(\mathbb{N})$,那么存在 $y_1 < y$,使得 $g(y_1) = y$. 显然 y_1 不是 g 的不动点,如果它在像中,那么可以找到 $y_2, g(y_2) = y_1$. 如此继续,得到一个单调递减序列 $y = y_0 > y_1 > \cdots$,此序列必然终止. 于是有 y_m 是某个 $x_{k,0}$,然后 $y = x_{k,m}$.

要构造一个 g 的 n 次函数根 f,我们可以定义:若 $x \in F$,则 $f(x) = x$;若 k 不是 n 的倍数,则 $f(x_{k,m}) = x_{k+1,m}$;若 k 是 n 的倍数,则 $f(x_{k,m}) = x_{k+1-n,m+1}$. 显然,如果 $x \in F$,那么

$$f \circ \cdots \circ f(x) = g(x)$$

如果我们 n 次应用 f 到 $x_{k,m}$,那么在其中的 $n-1$ 次,我们将 k 增加 1,保持 m 不变;剩余一次我们将 k 增加 $1-n$,将 m 增加 1. 因此 n 次迭代后,k 不变,m 增加 1. 于是有

$$f \circ \cdots \circ f(x_{k,m}) = x_{k,m+1} = g(x_{k,m})$$

如果不假设 $g(x) \geqslant x$ 对所有 x 成立,在 $\mathbb{N}$ 上迭代 g,将所有自然数集分解成除了不动点、开始于像集之外的点的单侧无限的链 (上面的两种),还可能有有限长的圈 (反例是只有一个长度为 2 的圈),以及无限长的"圈",即序列

$$\cdots, y_{-2}, y_{-1}, y_0, y_1, y_2, \cdots, g(y_i) = y_{i+1}, i \in \mathbb{Z}$$

对所有整数 i 成立. 存在 n 次函数根将对所有长度与 n 不互素 (无限长的"圈"认为其长度与每个 n 不互素) 的圈的个数以及单侧无限的链的个数附加限制. 设圈的长度 c 与 n 不互素,设 m 是所有整除 $\gcd(c,n)$ 的素数的乘积,其幂次为这个素数在 n 中的幂次. (例如:若 $n = 360, c = 70$,则最大公约数为 10. 由于 2 整除 n 三次,5 整除 n 一次,因此取 $m = 40$.) 则限制条件为:长度为 c 的圈的个数必须是 m 的倍数 (若有无限个这样的圈,则认为个数是任何数的倍数). 对单侧无限的链的要求是它的个数是 n 的倍数. (上面的假设中 $\mathbb{N} \setminus g(\mathbb{N})$ 是无限集保证了这个要求成立.) 如果每一种有限长的圈的个数、无限长圈的个数、单侧无限的链的个数都符合要求,那么存在相应的 n 次函数根. 前面的反例中,只有一个长度为 2 的圈,因此不存在函数平方根.

137. 设正整数的数列 $(a_n), (b_n), (c_n)$ 满足 $a_0 = 1, b_0 = c_0 = 0$ 以及

$$\left(1 + \sqrt[3]{2} + \sqrt[3]{4}\right)^n = a_n + b_n\sqrt[3]{2} + c_n\sqrt[3]{4}, \quad n \geqslant 1$$

证明:

$$2^{-\frac{n}{3}}\sum_{k=0}^{n}\binom{n}{k}a_k = \begin{cases} a_n, n \equiv 0 \pmod{3} \\ b_n\sqrt[3]{2}, n \equiv 2 \pmod{3} \\ c_n\sqrt[3]{4}, n \equiv 1 \pmod{3} \end{cases}$$

并求出关于 (b_n) 和 (c_n) 的类似的关系式.

Titu Andreescu, Dorin Andrica – 蒂米什瓦拉数学杂志 C6:3

证明 我们有

$$\begin{aligned} a_n + b_n\sqrt[3]{2} + c_n\sqrt[3]{4} &= (1 + \sqrt[3]{2} + \sqrt[3]{4})^n \\ &= \frac{(\sqrt[3]{2}(1 + \sqrt[3]{2} + \sqrt[3]{4}))^n}{(\sqrt[3]{2})^n} \\ &= 2^{-\frac{n}{3}}(\sqrt[3]{2} + \sqrt[3]{4} + 2)^n \\ &= 2^{-\frac{n}{3}}(1 + (1 + \sqrt[3]{2} + \sqrt[3]{4}))^n \\ &= 2^{-\frac{n}{3}}\sum_{k=0}^{n}\binom{n}{k}(1 + \sqrt[3]{2} + \sqrt[3]{4})^k \\ &= 2^{-\frac{n}{3}}\sum_{k=0}^{n}\binom{n}{k}(a_k + b_k\sqrt[3]{2} + c_k\sqrt[3]{4}) \end{aligned}$$

因此

$$\begin{aligned} &a_n + b_n\sqrt[3]{2} + c_n\sqrt[3]{4} \\ &= 2^{-\frac{n}{3}}\sum_{k=0}^{n}\binom{n}{k}a_k + \left(2^{-\frac{n}{3}}\sum_{k=0}^{n}\binom{n}{k}b_k\right)\sqrt[3]{2} + \left(2^{-\frac{n}{3}}\sum_{k=0}^{n}\binom{n}{k}c_k\right)\sqrt[3]{4} \quad (2) \end{aligned}$$

我们考虑三种情况:

若 $n \equiv 0 \pmod{3}$,则 $2^{-\frac{n}{3}} \in \mathbb{Q}$,于是有

$$2^{-\frac{n}{3}}\sum_{k=0}^{n}\binom{n}{k}a_k = a_n, \quad 2^{-\frac{n}{3}}\sum_{k=0}^{n}\binom{n}{k}b_k = b_n, \quad 2^{-\frac{n}{3}}\sum_{k=0}^{n}\binom{n}{k}c_k = c_n \quad (3)$$

若 $n \equiv 2 \pmod{3}$,则 $2^{\frac{-n+2}{3}} \in \mathbb{Q}$. 将式 (1) 乘以 $2^{\frac{2}{3}} = \sqrt[3]{4}$ 后得到

$$\begin{aligned} &a_n\sqrt[3]{4} + 2b_n + 2\sqrt[3]{2}c_n \\ &= 2^{\frac{-n+2}{3}}\sum_{k=0}^{n}\binom{n}{k}a_k + \left(2^{\frac{-n+2}{3}}\sum_{k=0}^{n}\binom{n}{k}b_k\right)\sqrt[3]{2} + \left(2^{\frac{-n+2}{3}}\sum_{k=0}^{n}\binom{n}{k}c_k\right)\sqrt[3]{4} \quad (4) \end{aligned}$$

于是有

$$2^{-\frac{n}{3}}\sum_{k=0}^{n}\binom{n}{k}a_k = b_n\sqrt[3]{2}, \quad 2^{-\frac{n}{3}}\sum_{k=0}^{n}\binom{n}{k}b_k = c_n\sqrt[3]{2}, \quad 2^{-\frac{n}{3}}\sum_{k=0}^{n}\binom{n}{k}c_k = \frac{a_n}{\sqrt[3]{4}} \quad (5)$$

若 $n \equiv 1 \pmod 3$，则 $2^{\frac{-n+1}{3}} \in \mathbb{Q}$. 将关系式 (1) 乘以 $2^{\frac{1}{3}} = \sqrt[3]{2}$，得到

$$a_n\sqrt[3]{2} + b_n\sqrt[3]{4} + 2c_n$$
$$= 2^{\frac{-n+1}{3}}\sum_{k=0}^{n}\binom{n}{k}a_k + \left(2^{\frac{-n+1}{3}}\sum_{k=0}^{n}\binom{n}{k}b_k\right)\sqrt[3]{2} + \left(2^{\frac{-n+1}{3}}\sum_{k=0}^{n}\binom{n}{k}c_k\right)\sqrt[3]{4} \quad (6)$$

于是有

$$2^{-\frac{n}{3}}\sum_{k=0}^{n}\binom{n}{k}a_k = c_n\sqrt[3]{4}, \quad 2^{-\frac{n}{3}}\sum_{k=0}^{n}\binom{n}{k}b_k = \frac{a_n}{\sqrt[3]{2}}, \quad 2^{-\frac{n}{3}}\sum_{k=0}^{n}\binom{n}{k}c_k = \frac{b_n}{\sqrt[3]{2}} \quad (7)$$

关系式 (2) (4) (6) 给出

$$2^{-\frac{n}{3}}\sum_{k=0}^{n}\binom{n}{k}a_k = \begin{cases} a_n, n \equiv 0 \pmod 3 \\ b_n\sqrt[3]{2}, n \equiv 2 \pmod 3 \\ c_n\sqrt[3]{4}, n \equiv 1 \pmod 3 \end{cases}$$

$$2^{-\frac{n}{3}}\sum_{k=0}^{n}\binom{n}{k}b_k = \begin{cases} b_n, n \equiv 0 \pmod 3 \\ c_n\sqrt[3]{2}, n \equiv 0 \pmod 3 \\ \dfrac{a_n}{\sqrt[3]{2}}, n \equiv 1 \pmod 3 \end{cases}$$

$$2^{-\frac{n}{3}}\sum_{k=0}^{n}\binom{n}{k}c_k = \begin{cases} c_n, n \equiv 0 \pmod 3 \\ \dfrac{a_n}{\sqrt[3]{4}}, n \equiv 0 \pmod 3 \\ \dfrac{b_n}{\sqrt[3]{2}}, n \equiv 1 \pmod 3 \end{cases}$$

完成了证明. □

138. 设 n 是正整数，N_k 是集合 $\{1, 2, \cdots, n\}$ 中 k 项递增等差数列的个数. 证明:

$$N_k \leqslant -\frac{1}{2}q^2 + \left(n + \frac{1}{2}\right)q + 1 - k$$

其中 $q = \left[\dfrac{n-1}{k-1}\right]$.

Titu Andreescu, Dorin Andrica – 蒂米什瓦拉数学杂志 C4:2

证明 我们假设 $n \geqslant k$, 所以至少有一个这样的等差数列. 若等差数列的首项为 $a \geqslant 1$, 公差为 $d \geqslant 1$, 则末项为 $a+d(k-1) \leqslant n$. 因为 $a \geqslant 1$, 所以 $1+d(k-1) \leqslant n$, $d \leqslant \dfrac{n-1}{k-1}$. 于是 d 的最大值为 $q = \left[\dfrac{n-1}{k-1}\right]$.

对固定的 d, a 可以取 $\{1, 2, \cdots, n-d(k-1)\}$ 中的任何值, 因此存在 $n-d(k-1)$ 个公差为 d 的等差数列. 于是得到

$$N_k = \sum_{d=1}^{q} (n - d(k-1)) = nq - \frac{q(q+1)(k-1)}{2}$$

与目标上界比较, 我们发现只需证明

$$(k-2)q^2 + kq + 2 - 2k \geqslant 0 \tag{1}$$

若 $k = 2$, 则此式化简为 $2(q-1) \geqslant 0$, 由题目假设可知其成立. 若 $k > 2$, 则式 (1) 左端为 q 的二次式, 其根为

$$q_1 = \frac{-2(k-1)}{k-2} = 1 - \frac{3k-4}{k-2}, \ q_2 = 1$$

由于 $q_1 < 1 = q_2$, 而二次式的首项系数为正, 因此不等式 (1) 对所有 $q \geqslant 1, k > 2$ 成立. $\qquad \square$

139. (1) 设 a, c 为非负实数, $f: [a, b] \to [c, d]$ 为单调递增的双射函数. 证明:

$$\sum_{a \leqslant k \leqslant b} [f(k)] + \sum_{c \leqslant k \leqslant d} [f^{-1}(k)] - n(G_f) = [b][d] - \alpha(a)\alpha(c)$$

其中 k 是整数, $n(G_f)$ 为 f 的图像上的非负整数坐标的点的个数, $\alpha: \mathbb{R} \to \mathbb{Z}$ 定义为

$$\alpha(x) = \begin{cases} [x], x \in \mathbb{R} \setminus \mathbb{Z} \\ x-1, x \in \mathbb{Z} \end{cases}$$

(2) 计算

$$S_n = \sum_{k=1}^{\frac{n(n+1)}{2}} \left[\frac{-1+\sqrt{1+8k}}{2}\right]$$

Titu Andreescu and Dorin Andrica - Asupra unor clase de identități, Gazeta Matematică, No. 11(1978), pp.472-475

解 (1) 对于平面上的一个有界区域 M，我们记 $n(M)$ 为 M 内具有非负整数坐标的点的个数. 函数 f 递增并且是双射，因此是连续函数. 考虑集合

$$M_1 = \{(x,y) \in \mathbb{R}^2 \mid a \leqslant x \leqslant b, 0 \leqslant y \leqslant f(x)\}$$
$$M_2 = \{(x,y) \in \mathbb{R}^2 \mid c \leqslant y \leqslant d, 0 \leqslant x \leqslant f^{-1}(y)\}$$
$$M_3 = \{(x,y) \in \mathbb{R}^2 \mid 0 \leqslant x \leqslant b, 0 \leqslant y \leqslant d\}$$
$$M_4 = \{(x,y) \in \mathbb{R}^2 \mid 0 \leqslant x < a, 0 \leqslant y < c\}$$

如图 1 所示.

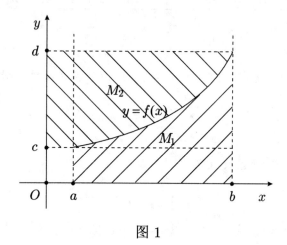

图 1

于是有

$$n(M_1) = \sum_{a \leqslant k \leqslant b} (1 + [f(k)]) = [b] - \alpha(a) + \sum_{a \leqslant k \leqslant b} [f(k)]$$
$$n(M_2) = \sum_{c \leqslant k \leqslant d} (1 + [f^{-1}(k)]) = [d] - \alpha(c) + \sum_{c \leqslant k \leqslant d} [f^{-1}(k)]$$
$$n(M_3) = ([b]+1)([d]+1), \quad n(M_4) = (\alpha(a)+1)(\alpha(c)+1)$$

我们由

$$n(M_1) + n(M_2) - n(M_1 \cap M_2) = n(M_1 \cup M_2)$$

得

$$n(M_1) + n(M_2) - n(G_f) = n(M_3) - n(M_4)$$

经过简单的代数变形得到结论.

(2) 考虑函数 $f : [1, n] \to \left[1, \dfrac{n(n+1)}{2}\right]$，$f(x) = \dfrac{x(x+1)}{2}$. 函数 f 单调且为双射. 注意到 $n(G_f) = n$，并且

$$f^{-1}(x) = \frac{-1 + \sqrt{1+8x}}{2}$$

应用 (1) 中的公式得到

$$\sum_{k=1}^{n}\left[\frac{k(k+1)}{2}\right]+\sum_{k=1}^{\frac{n(n+1)}{2}}\left[\frac{-1+\sqrt{1+8k}}{2}\right]-n=\frac{n^2(n+1)}{2}$$

因此

$$\sum_{k=1}^{\frac{n(n+1)}{2}}\left[\frac{-1+\sqrt{1+8k}}{2}\right]=\frac{n^2(n+1)}{2}+n-\frac{1}{2}\sum_{k=1}^{n}k(k+1)$$

$$=\frac{n^2(n+1)}{2}+n-\frac{n(n+1)}{4}-\frac{n(n+1)(2n+1)}{12}=\frac{n(n^2+2)}{3}$$

$\square$

140. (1) 设 a,c 为非负实数, $f:[a,b]\to[c,d]$ 为单调递减的双射函数. 证明:

$$\sum_{a\leqslant k\leqslant b}[f(k)]-\sum_{c\leqslant k\leqslant d}[f^{-1}(k)]=[b]\alpha(c)-[d]\alpha(a)$$

其中 k 是整数, $\alpha:\mathbb{R}\to\mathbb{Z}$ 定义为

$$\alpha(x)=\begin{cases}[x],x\in\mathbb{R}\setminus\mathbb{Z}\\x-1,x\in\mathbb{Z}\end{cases}$$

(2) 证明:

$$\sum_{k=1}^{n}\left[\frac{n^2}{k^2}\right]=\sum_{k=1}^{n^2}\left[\frac{n}{\sqrt{k}}\right]$$

对所有整数 $n\geqslant 1$ 成立.

Titu Andreescu, Dorin Andrica – Gazeta Matematică, Problem O:48

证明 (1) 对于平面内的有界区域 M, 记 $n(M)$ 为 M 内非负整数坐标点的数目. 函数 f 单调递减并且为双射, 因此是连续函数. 考虑集合

$$N_1=\{(x,y)\in\mathbb{R}^2\mid a\leqslant x\leqslant b,\,c\leqslant y\leqslant f(x)\}$$
$$N_2=\{(x,y)\in\mathbb{R}^2\mid c\leqslant y\leqslant d,\,a\leqslant x\leqslant f^{-1}(y)\}$$
$$N_3=\{(x,y)\in\mathbb{R}^2\mid a\leqslant x\leqslant b,\,0\leqslant y<c\}$$
$$N_4=\{(x,y)\in\mathbb{R}^2\mid 0\leqslant x<a,\,c\leqslant y\leqslant d\}$$

如图 2 所示.

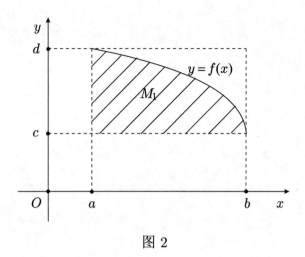

图 2

于是有

$$\sum_{a \leqslant k \leqslant b} (1 + [f(k)]) = [b] - \alpha(a) + \sum_{a \leqslant k \leqslant b} [f(k)] = n(N_1) + n(N_3)$$

$$\sum_{c \leqslant k \leqslant d} (1 + [f^{-1}(k)]) = [d] - \alpha(c) + \sum_{c \leqslant k \leqslant d} [f^{-1}(k)] = n(N_2) + n(N_4)$$

$$n(N_3) = ([b] - \alpha(a))(\alpha(c) + 1), \ n(N_4) = ([d] - \alpha(c))(\alpha(a) + 1)$$

还注意到 N_1 和 N_2 实际上是同一个集合,因此 $n(N_1) = n(N_2)$. 经过一些代数变形得到

$$\sum_{a \leqslant k \leqslant b} [f(k)] - \sum_{c \leqslant k \leqslant d} [f^{-1}(k)] = [b]\alpha(c) - [d]\alpha(a)$$

正是我们要证的.

(2) 考虑函数 $f : [1, n] \to [1, n^2], f(x) = \dfrac{n^2}{x^2}$. f 单调递减并且是双射,而且有

$$f^{-1}(x) = \frac{n}{\sqrt{x}}$$

利用 (1) 中的公式,得到

$$\sum_{k=1}^{n} \left[\frac{n^2}{k^2}\right] - \sum_{k=1}^{n^2} \left[\frac{n}{\sqrt{k}}\right] = n\alpha(1) - n^2\alpha(1) = 0$$

因此有

$$\sum_{k=1}^{n} \left[\frac{n^2}{k^2}\right] = \sum_{k=1}^{n^2} \left[\frac{n}{\sqrt{k}}\right], \ n \geqslant 1$$

正是我们要证的. $\qquad\qquad\qquad\qquad\qquad\qquad\qquad\qquad$ □

刘培杰数学工作室
已出版(即将出版)图书目录——初等数学

书　名	出版时间	定　价	编号
新编中学数学解题方法全书(高中版)上卷(第2版)	2018—08	58.00	951
新编中学数学解题方法全书(高中版)中卷(第2版)	2018—08	68.00	952
新编中学数学解题方法全书(高中版)下卷(一)(第2版)	2018—08	58.00	953
新编中学数学解题方法全书(高中版)下卷(二)(第2版)	2018—08	58.00	954
新编中学数学解题方法全书(高中版)下卷(三)(第2版)	2018—08	68.00	955
新编中学数学解题方法全书(初中版)上卷	2008—01	28.00	29
新编中学数学解题方法全书(初中版)中卷	2010—07	38.00	75
新编中学数学解题方法全书(高考复习卷)	2010—01	48.00	67
新编中学数学解题方法全书(高考真题卷)	2010—01	38.00	62
新编中学数学解题方法全书(高考精华卷)	2011—03	68.00	118
新编平面解析几何解题方法全书(专题讲座卷)	2010—01	18.00	61
新编中学数学解题方法全书(自主招生卷)	2013—08	88.00	261
数学奥林匹克与数学文化(第一辑)	2006—05	48.00	4
数学奥林匹克与数学文化(第二辑)(竞赛卷)	2008—01	48.00	19
数学奥林匹克与数学文化(第二辑)(文化卷)	2008—07	58.00	36'
数学奥林匹克与数学文化(第三辑)(竞赛卷)	2010—01	48.00	59
数学奥林匹克与数学文化(第四辑)(竞赛卷)	2011—08	58.00	87
数学奥林匹克与数学文化(第五辑)	2015—06	98.00	370
世界著名平面几何经典著作钩沉——几何作图专题卷(共3卷)	2022—01	198.00	1460
世界著名平面几何经典著作钩沉(民国平面几何老课本)	2011—03	38.00	113
世界著名平面几何经典著作钩沉(建国初期平面三角老课本)	2015—08	38.00	507
世界著名解析几何经典著作钩沉——平面解析几何卷	2014—01	38.00	264
世界著名数论经典著作钩沉(算术卷)	2012—01	28.00	125
世界著名数学经典著作钩沉——立体几何卷	2011—02	28.00	88
世界著名三角学经典著作钩沉(平面三角卷Ⅰ)	2010—06	28.00	69
世界著名三角学经典著作钩沉(平面三角卷Ⅱ)	2011—01	38.00	78
世界著名初等数论经典著作钩沉(理论和实用算术卷)	2011—07	38.00	126
世界著名几何经典著作钩沉(解析几何卷)	2022—10	68.00	1564
发展你的空间想象力(第3版)	2021—01	98.00	1464
空间想象力进阶	2019—05	68.00	1062
走向国际数学奥林匹克的平面几何试题诠释.第1卷	2019—07	88.00	1043
走向国际数学奥林匹克的平面几何试题诠释.第2卷	2019—09	78.00	1044
走向国际数学奥林匹克的平面几何试题诠释.第3卷	2019—03	78.00	1045
走向国际数学奥林匹克的平面几何试题诠释.第4卷	2019—09	98.00	1046
平面几何证明方法全书	2007—08	35.00	1
平面几何证明方法全书习题解答(第2版)	2006—12	18.00	10
平面几何天天练上卷·基础篇(直线型)	2013—01	58.00	208
平面几何天天练中卷·基础篇(涉及圆)	2013—01	28.00	234
平面几何天天练下卷·提高篇	2013—01	58.00	237
平面几何专题研究	2013—07	98.00	258
平面几何解题之道.第1卷	2022—05	38.00	1494
几何学习题集	2020—10	48.00	1217
通过解题学习代数几何	2021—04	88.00	1301
圆锥曲线的奥秘	2022—06	88.00	1541

刘培杰数学工作室
已出版(即将出版)图书目录——初等数学

书　名	出版时间	定　价	编号
最新世界各国数学奥林匹克中的平面几何试题	2007—09	38.00	14
数学竞赛平面几何典型题及新颖解	2010—07	48.00	74
初等数学复习及研究(平面几何)	2008—09	68.00	38
初等数学复习及研究(立体几何)	2010—06	38.00	71
初等数学复习及研究(平面几何)习题解答	2009—01	58.00	42
几何学教程(平面几何卷)	2011—03	68.00	90
几何学教程(立体几何卷)	2011—07	68.00	130
几何变换与几何证题	2010—06	88.00	70
计算方法与几何证题	2011—06	28.00	129
立体几何技巧与方法(第2版)	2022—10	168.00	1572
几何瑰宝——平面几何500名题暨1500条定理(上、下)	2021—07	168.00	1358
三角形的解法与应用	2012—07	18.00	183
近代的三角形几何学	2012—07	48.00	184
一般折线几何学	2015—08	48.00	503
三角形的五心	2009—06	28.00	51
三角形的六心及其应用	2015—10	68.00	542
三角形趣谈	2012—08	28.00	212
解三角形	2014—01	28.00	265
探秘三角形:一次数学旅行	2021—10	68.00	1387
三角学专门教程	2014—09	28.00	387
图天下几何新题试卷.初中(第2版)	2017—11	58.00	855
圆锥曲线习题集(上册)	2013—06	68.00	255
圆锥曲线习题集(中册)	2015—01	78.00	434
圆锥曲线习题集(下册·第1卷)	2016—10	78.00	683
圆锥曲线习题集(下册·第2卷)	2018—01	98.00	853
圆锥曲线习题集(下册·第3卷)	2019—10	128.00	1113
圆锥曲线的思想方法	2021—08	48.00	1379
圆锥曲线的八个主要问题	2021—10	48.00	1415
论九点圆	2015—05	88.00	645
近代欧氏几何学	2012—03	48.00	162
罗巴切夫斯基几何学及几何基础概要	2012—07	28.00	188
罗巴切夫斯基几何学初步	2015—06	28.00	474
用三角、解析几何、复数、向量计算解数学竞赛几何题	2015—03	48.00	455
用解析法研究圆锥曲线的几何理论	2022—05	48.00	1495
美国中学几何教程	2015—04	88.00	458
三线坐标与三角形特征点	2015—04	98.00	460
坐标几何学基础.第1卷,笛卡儿坐标	2021—08	48.00	1398
坐标几何学基础.第2卷,三线坐标	2021—09	28.00	1399
平面解析几何方法与研究(第1卷)	2015—05	18.00	471
平面解析几何方法与研究(第2卷)	2015—06	18.00	472
平面解析几何方法与研究(第3卷)	2015—07	18.00	473
解析几何研究	2015—01	38.00	425
解析几何学教程.上	2016—01	38.00	574
解析几何学教程.下	2016—01	38.00	575
几何学基础	2016—01	58.00	581
初等几何研究	2015—02	58.00	444
十九和二十世纪欧氏几何学中的片段	2017—01	58.00	696
平面几何中考.高考.奥数一本通	2017—07	28.00	820
几何学简史	2017—08	28.00	833
四面体	2018—01	48.00	880
平面几何证明方法思路	2018—12	68.00	913
折纸中的几何练习	2022—09	48.00	1559
中学新几何学(英文)	2022—10	98.00	1562
线性代数与几何	2023—04	68.00	1633
四面体几何学引论	2023—06	68.00	1648

刘培杰数学工作室
已出版(即将出版)图书目录——初等数学

书　　名	出版时间	定　价	编号
平面几何图形特性新析.上篇	2019-01	68.00	911
平面几何图形特性新析.下篇	2018-06	88.00	912
平面几何范例多解探究.上篇	2018-04	48.00	910
平面几何范例多解探究.下篇	2018-12	68.00	914
从分析解题过程学解题:竞赛中的几何问题研究	2018-07	68.00	946
从分析解题过程学解题:竞赛中的向量几何与不等式研究(全2册)	2019-06	138.00	1090
从分析解题过程学解题:竞赛中的不等式问题	2021-01	48.00	1249
二维、三维欧氏几何的对偶原理	2018-12	38.00	990
星形大观及闭折线论	2019-03	68.00	1020
立体几何的问题和方法	2019-11	58.00	1127
三角代换论	2021-05	58.00	1313
俄罗斯平面几何问题集	2009-08	88.00	55
俄罗斯立体几何问题集	2014-03	58.00	283
俄罗斯几何大师——沙雷金论数学及其他	2014-01	48.00	271
来自俄罗斯的5000道几何习题及解答	2011-03	58.00	89
俄罗斯初等数学问题集	2012-05	38.00	177
俄罗斯函数问题集	2011-03	38.00	103
俄罗斯组合分析问题集	2011-01	48.00	79
俄罗斯初等数学万题选——三角卷	2012-11	38.00	222
俄罗斯初等数学万题选——代数卷	2013-01	68.00	225
俄罗斯初等数学万题选——几何卷	2014-01	68.00	226
俄罗斯《量子》杂志数学征解问题100题选	2018-08	48.00	969
俄罗斯《量子》杂志数学征解问题又100题选	2018-08	48.00	970
俄罗斯《量子》杂志数学征解问题	2020-05	48.00	1138
463个俄罗斯几何老问题	2012-01	28.00	152
《量子》数学短文精粹	2018-09	38.00	972
用三角、解析几何等计算来解来自俄罗斯的几何题	2019-11	88.00	1119
基谢廖夫平面几何	2022-01	48.00	1461
基谢廖夫立体几何	2023-04	48.00	1599
数学:代数、数学分析和几何(10—11年级)	2021-01	48.00	1250
直观几何学:5—6年级	2022-04	58.00	1508
几何学:第2版.7—9年级	2023-08	68.00	1684
平面几何:9—11年级	2022-10	48.00	1571
立体几何.10—11年级	2022-01	58.00	1472

书　　名	出版时间	定　价	编号
谈谈素数	2011-03	18.00	91
平方和	2011-03	18.00	92
整数论	2011-05	38.00	120
从整数谈起	2015-10	28.00	538
数与多项式	2016-01	38.00	558
谈谈不定方程	2011-05	28.00	119
质数漫谈	2022-07	68.00	1529

书　　名	出版时间	定　价	编号
解析不等式新论	2009-06	68.00	48
建立不等式的方法	2011-03	98.00	104
数学奥林匹克不等式研究(第2版)	2020-07	68.00	1181
不等式研究(第三辑)	2023-08	198.00	1673
不等式的秘密(第一卷)(第2版)	2014-02	38.00	286
不等式的秘密(第二卷)	2014-01	38.00	268
初等不等式的证明方法	2010-06	38.00	123
初等不等式的证明方法(第二版)	2014-11	38.00	407
不等式·理论·方法(基础卷)	2015-07	38.00	496
不等式·理论·方法(经典不等式卷)	2015-07	38.00	497
不等式·理论·方法(特殊类型不等式卷)	2015-07	48.00	498
不等式探究	2016-03	38.00	582
不等式探秘	2017-01	88.00	689
四面体不等式	2017-01	68.00	715
数学奥林匹克中常见重要不等式	2017-09	38.00	845

刘培杰数学工作室
已出版(即将出版)图书目录——初等数学

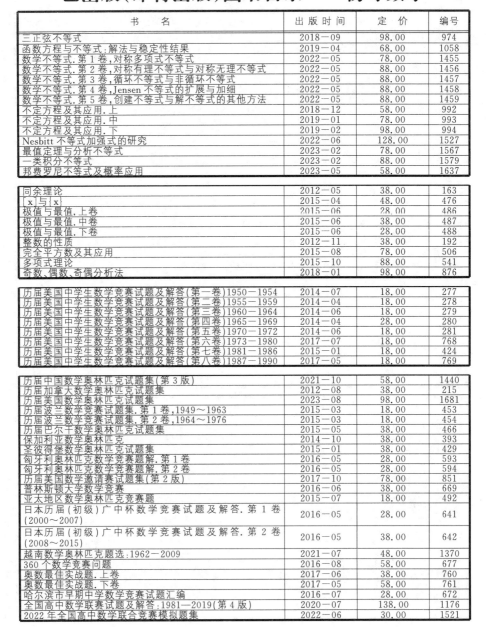

书　名	出版时间	定　价	编号
三正弦不等式	2018—09	98.00	974
函数方程与不等式:解法与稳定性结果	2019—04	68.00	1058
数学不等式.第1卷,对称多项式不等式	2022—05	78.00	1455
数学不等式.第2卷,对称有理不等式与对称无理不等式	2022—05	88.00	1456
数学不等式.第3卷,循环不等式与非循环不等式	2022—05	88.00	1457
数学不等式.第4卷,Jensen不等式的扩展与加细	2022—05	88.00	1458
数学不等式.第5卷,创建不等式与解不等式的其他方法	2022—05	88.00	1459
不定方程及其应用.上	2018—12	58.00	992
不定方程及其应用.中	2019—01	78.00	993
不定方程及其应用.下	2019—02	98.00	994
Nesbitt不等式加强式的研究	2022—06	128.00	1527
最值定理与分析不等式	2023—02	78.00	1567
一类积分不等式	2023—02	88.00	1579
邦费罗尼不等式及概率应用	2023—05	58.00	1637
同余理论	2012—05	38.00	163
[x]与{x}	2015—04	48.00	476
极值与最值.上卷	2015—06	28.00	486
极值与最值.中卷	2015—06	38.00	487
极值与最值.下卷	2015—06	28.00	488
整数的性质	2012—11	38.00	192
完全平方数及其应用	2015—08	78.00	506
多项式理论	2015—10	88.00	541
奇数、偶数、奇偶分析法	2018—01	98.00	876
历届美国中学生数学竞赛试题及解答(第一卷)1950—1954	2014—07	18.00	277
历届美国中学生数学竞赛试题及解答(第二卷)1955—1959	2014—04	18.00	278
历届美国中学生数学竞赛试题及解答(第三卷)1960—1964	2014—06	18.00	279
历届美国中学生数学竞赛试题及解答(第四卷)1965—1969	2014—04	28.00	280
历届美国中学生数学竞赛试题及解答(第五卷)1970—1972	2014—06	18.00	281
历届美国中学生数学竞赛试题及解答(第六卷)1973—1980	2017—07	18.00	768
历届美国中学生数学竞赛试题及解答(第七卷)1981—1986	2015—01	18.00	424
历届美国中学生数学竞赛试题及解答(第八卷)1987—1990	2017—05	18.00	769
历届中国数学奥林匹克试题集(第3版)	2021—10	58.00	1440
历届加拿大数学奥林匹克试题集	2012—08	38.00	215
历届美国数学奥林匹克试题集	2023—08	98.00	1681
历届波兰数学竞赛试题集.第1卷,1949~1963	2015—03	18.00	453
历届波兰数学竞赛试题集.第2卷,1964~1976	2015—03	18.00	454
历届巴尔干数学奥林匹克试题集	2015—05	38.00	466
保加利亚数学奥林匹克	2014—10	38.00	393
圣彼得堡数学奥林匹克试题集	2015—01	38.00	429
匈牙利奥林匹克数学竞赛题解.第1卷	2016—05	28.00	593
匈牙利奥林匹克数学竞赛题解.第2卷	2016—05	28.00	594
历届美国数学邀请赛试题集(第2版)	2017—10	78.00	851
普林斯顿大学数学竞赛	2016—06	38.00	669
亚太地区数学奥林匹克竞赛题	2015—07	18.00	492
日本历届(初级)广中杯数学竞赛试题及解答.第1卷(2000~2007)	2016—05	28.00	641
日本历届(初级)广中杯数学竞赛试题及解答.第2卷(2008~2015)	2016—05	38.00	642
越南数学奥林匹克题选:1962—2009	2021—07	48.00	1370
360个数学竞赛问题	2016—08	58.00	677
奥数最佳实战题.上卷	2017—06	38.00	760
奥数最佳实战题.下卷	2017—05	58.00	761
哈尔滨市早期中学数学竞赛试题汇编	2016—07	28.00	672
全国高中数学联赛试题及解答:1981—2019(第4版)	2020—07	138.00	1176
2022年全国高中数学联合竞赛模拟题集	2022—06	30.00	1521

— 4 —

刘培杰数学工作室
已出版(即将出版)图书目录——初等数学

书　名	出版时间	定　价	编号
20世纪50年代全国部分城市数学竞赛试题汇编	2017—07	28.00	797
国内外数学竞赛题及精解:2018~2019	2020—08	45.00	1192
国内外数学竞赛题及精解:2019~2020	2021—11	58.00	1439
许康华竞赛优学精选集.第一辑	2018—08	68.00	949
天问叶班数学问题征解100题.Ⅰ,2016—2018	2019—05	88.00	1075
天问叶班数学问题征解100题.Ⅱ,2017—2019	2020—07	98.00	1177
美国初中数学竞赛:AMC8准备(共6卷)	2019—07	138.00	1089
美国高中数学竞赛:AMC10准备(共6卷)	2019—08	158.00	1105
王连笑教你怎样学数学:高考选择题解题策略与客观题实用训练	2014—01	48.00	262
王连笑教你怎样学数学:高考数学高层次讲座	2015—02	48.00	432
高考数学的理论与实践	2009—08	38.00	53
高考数学核心题型解题方法与技巧	2010—01	28.00	86
高考思维新平台	2014—03	38.00	259
高考数学压轴题解题诀窍(上)(第2版)	2018—01	58.00	874
高考数学压轴题解题诀窍(下)(第2版)	2018—01	48.00	875
北京市五区文科数学三年高考模拟题详解:2013~2015	2015—08	48.00	500
北京市五区理科数学三年高考模拟题详解:2013~2015	2015—09	68.00	505
向量法巧解数学高考题	2009—08	28.00	54
高中数学课堂教学的实践与反思	2021—11	48.00	791
数学高考参考	2016—01	78.00	589
新课程标准高考数学解答题各种题型解法指导	2020—08	78.00	1196
全国及各省市高考数学试题审题要津与解法研究	2015—02	48.00	450
高中数学章节起始课的教学研究与案例设计	2019—05	28.00	1064
新课标高考数学——五年试题分章详解(2007~2011)(上、下)	2011—10	78.00	140,141
全国中考数学压轴题审题要津与解法研究	2013—04	78.00	248
新编全国及各省市中考数学压轴题审题要津与解法研究	2014—05	58.00	342
全国及各省市5年中考数学压轴题审题要津与解法研究(2015版)	2015—04	58.00	462
中考数学专题总复习	2007—04	28.00	6
中考数学较难题常考题型解题方法与技巧	2016—09	48.00	681
中考数学难题常考题型解题方法与技巧	2016—09	48.00	682
中考数学中档题常考题型解题方法与技巧	2017—08	68.00	835
中考数学选择填空压轴好题妙解365	2017—05	38.00	759
中考数学:三类重点考题的解法例析与习题	2020—04	48.00	1140
中小学数学的历史文化	2019—11	48.00	1124
初中平面几何百题多思创新解	2020—01	58.00	1125
初中数学中考备考	2020—01	58.00	1126
高考数学之九章演义	2019—08	68.00	1044
高考数学之难题谈笑间	2022—06	68.00	1519
化学可以这样学:高中化学知识方法智慧感悟疑难辨析	2019—07	58.00	1103
如何成为学习高手	2019—09	58.00	1107
高考数学:经典真题分类解析	2020—04	78.00	1134
高考数学解答题破解策略	2020—11	58.00	1221
从分析解题过程学解题:高考压轴题与竞赛题之关系探究	2020—08	88.00	1179
教学新思考:单元整体视角下的初中数学教学设计	2021—03	58.00	1278
思维再拓展:2020年经典几何题的多解探究与思考	即将出版		1279
中考数学小压轴汇编初讲	2017—07	48.00	788
中考数学大压轴专题微言	2017—09	48.00	846
怎么解中考平面几何探索题	2019—06	48.00	1093
北京中考数学压轴题解题方法突破(第8版)	2022—11	78.00	1577
助你高考成功的数学解题智慧:知识是智慧的基础	2016—01	58.00	596
助你高考成功的数学解题智慧:错误是智慧的试金石	2016—04	58.00	643
助你高考成功的数学解题智慧:方法是智慧的推手	2016—04	68.00	657
高考数学奇思妙解	2016—04	38.00	610
高考数学解题策略	2016—05	48.00	670
数学解题泄天机(第2版)	2017—10	48.00	850

刘培杰数学工作室
已出版(即将出版)图书目录——初等数学

书 名	出版时间	定 价	编号
高中物理教学讲义	2018—01	48.00	871
高中物理教学讲义:全模块	2022—03	98.00	1492
高中物理答疑解惑 65 篇	2021—11	48.00	1462
中学物理基础问题解析	2020—08	48.00	1183
初中数学、高中数学脱节知识补缺教材	2017—06	48.00	766
高考数学客观题解题方法和技巧	2017—10	38.00	847
十年高考数学精品试题审题要津与解法研究	2021—10	98.00	1427
中国历届高考数学试题及解答.1949—1979	2018—01	38.00	877
历届中国高考数学试题及解答.第二卷,1980—1989	2018—10	28.00	975
历届中国高考数学试题及解答.第三卷,1990—1999	2018—10	48.00	976
跟我学解高中数学题	2018—07	58.00	926
中学数学研究的方法及案例	2018—05	58.00	869
高考数学抢分技能	2018—07	68.00	934
高一新生常用数学方法和重要数学思想提升教材	2018—06	38.00	921
高考数学全国卷六道解答题常考题型解题诀窍:理科(全2册)	2019—07	78.00	1101
高考数学全国卷16道选择、填空题常考题型解题诀窍.理科	2018—09	88.00	971
高考数学全国卷16道选择、填空题常考题型解题诀窍.文科	2020—01	88.00	1123
高中数学一题多解	2019—06	58.00	1087
历届中国高考数学试题及解答:1917—1999	2021—08	98.00	1371
2000~2003年全国及各省市高考数学试题及解答	2022—05	88.00	1499
2004 年全国及各省市高考数学试题及解答	2023—08	78.00	1500
2005 年全国及各省市高考数学试题及解答	2023—08	78.00	1501
2006 年全国及各省市高考数学试题及解答	2023—08	88.00	1502
2007 年全国及各省市高考数学试题及解答	2023—08	98.00	1503
2008 年全国及各省市高考数学试题及解答	2023—08	88.00	1504
2009 年全国及各省市高考数学试题及解答	2023—08	88.00	1505
2010 年全国及各省市高考数学试题及解答	2023—08	98.00	1506
突破高原:高中数学解题思维探究	2021—08	48.00	1375
高考数学中的"取值范围"	2021—10	48.00	1429
新课程标准高中数学各种题型解法大全.必修一分册	2021—06	58.00	1315
新课程标准高中数学各种题型解法大全.必修二分册	2022—01	68.00	1471
高中数学各种题型解法大全.选择性必修一分册	2022—06	68.00	1525
高中数学各种题型解法大全.选择性必修二分册	2023—01	58.00	1600
高中数学各种题型解法大全.选择性必修三分册	2023—04	48.00	1643
历届全国初中数学竞赛经典试题详解	2023—04	88.00	1624
孟祥礼高考数学精刷精解	2023—06	98.00	1663

书 名	出版时间	定 价	编号
新编640个世界著名数学智力趣题	2014—01	88.00	242
500 个最新世界著名数学智力趣题	2008—06	48.00	3
400 个最新世界著名数学最值问题	2008—09	48.00	36
500 个世界著名数学征解问题	2009—06	48.00	52
400 个中国最佳初等数学征解老问题	2010—01	48.00	60
500 个俄罗斯数学经典老题	2011—01	28.00	81
1000 个国外中学物理好题	2012—04	48.00	174
300 个日本高考数学题	2012—05	38.00	142
700 个早期日本高考数学试题	2017—02	88.00	752
500 个前苏联早期高考数学试题及解答	2012—05	28.00	185
546 个早期俄罗斯大学生数学竞赛题	2014—03	38.00	285
548 个来自美苏的数学好问题	2014—11	28.00	396
20 所苏联著名大学早期入学试题	2015—02	18.00	452
161 道德国工科大学生必做的微分方程习题	2015—05	28.00	469
500 个德国工科大学生必做的高数习题	2015—06	28.00	478
360 个数学竞赛问题	2016—08	58.00	677
200 个趣味数学故事	2018—02	48.00	857
470 个数学奥林匹克中的最值问题	2018—10	88.00	985
德国讲义日本考题.微积分卷	2015—04	48.00	456
德国讲义日本考题.微分方程卷	2015—04	38.00	457
二十世纪中叶中、英、美、日、法、俄高考数学试题精选	2017—06	38.00	783

刘培杰数学工作室
已出版(即将出版)图书目录——初等数学

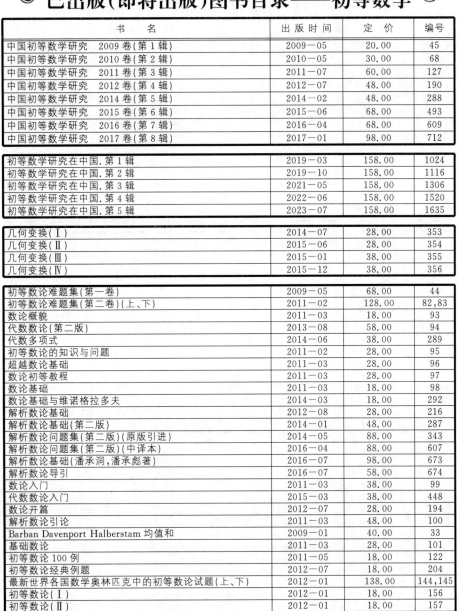

书　　名	出版时间	定　价	编号
中国初等数学研究　2009 卷(第 1 辑)	2009—05	20.00	45
中国初等数学研究　2010 卷(第 2 辑)	2010—05	30.00	68
中国初等数学研究　2011 卷(第 3 辑)	2011—07	60.00	127
中国初等数学研究　2012 卷(第 4 辑)	2012—07	48.00	190
中国初等数学研究　2014 卷(第 5 辑)	2014—02	48.00	288
中国初等数学研究　2015 卷(第 6 辑)	2015—06	68.00	493
中国初等数学研究　2016 卷(第 7 辑)	2016—04	68.00	609
中国初等数学研究　2017 卷(第 8 辑)	2017—01	98.00	712
初等数学研究在中国.第 1 辑	2019—03	158.00	1024
初等数学研究在中国.第 2 辑	2019—10	158.00	1116
初等数学研究在中国.第 3 辑	2021—05	158.00	1306
初等数学研究在中国.第 4 辑	2022—06	158.00	1520
初等数学研究在中国.第 5 辑	2023—07	158.00	1635
几何变换(Ⅰ)	2014—07	28.00	353
几何变换(Ⅱ)	2015—06	28.00	354
几何变换(Ⅲ)	2015—01	38.00	355
几何变换(Ⅳ)	2015—12	38.00	356
初等数论难题集(第一卷)	2009—05	68.00	44
初等数论难题集(第二卷)(上、下)	2011—02	128.00	82,83
数论概貌	2011—03	18.00	93
代数数论(第二版)	2013—08	58.00	94
代数多项式	2014—06	38.00	289
初等数论的知识与问题	2011—02	28.00	95
超越数论基础	2011—03	28.00	96
数论初等教程	2011—03	28.00	97
数论基础	2011—03	18.00	98
数论基础与维诺格拉多夫	2014—03	18.00	292
解析数论基础	2012—08	28.00	216
解析数论基础(第二版)	2014—01	48.00	287
解析数论问题集(第二版)(原版引进)	2014—05	88.00	343
解析数论问题集(第二版)(中译本)	2016—04	88.00	607
解析数论基础(潘承洞,潘承彪著)	2016—07	98.00	673
解析数论导引	2016—07	58.00	674
数论入门	2011—03	38.00	99
代数数论入门	2015—03	38.00	448
数论开篇	2012—07	28.00	194
解析数论引论	2011—03	48.00	100
Barban Davenport Halberstam 均值和	2009—01	40.00	33
基础数论	2011—03	28.00	101
初等数论 100 例	2011—05	18.00	122
初等数论经典例题	2012—07	18.00	204
最新世界各国数学奥林匹克中的初等数论试题(上、下)	2012—01	138.00	144,145
初等数论(Ⅰ)	2012—01	18.00	156
初等数论(Ⅱ)	2012—01	18.00	157
初等数论(Ⅲ)	2012—01	28.00	158

刘培杰数学工作室
已出版(即将出版)图书目录——初等数学

书　　名	出版时间	定　价	编号
平面几何与数论中未解决的新老问题	2013—01	68.00	229
代数数论简史	2014—11	28.00	408
代数数论	2015—09	88.00	532
代数、数论及分析习题集	2016—11	98.00	695
数论导引提要及习题解答	2016—01	48.00	559
素数定理的初等证明.第2版	2016—09	48.00	686
数论中的模函数与狄利克雷级数(第二版)	2017—11	78.00	837
数论:数学导引	2018—01	68.00	849
范氏大代数	2019—02	98.00	1016
解析数学讲义.第一卷,导来式及微分、积分、级数	2019—04	88.00	1021
解析数学讲义.第二卷,关于几何的应用	2019—04	68.00	1022
解析数学讲义.第三卷,解析函数论	2019—04	78.00	1023
分析·组合·数论纵横谈	2019—04	58.00	1039
Hall代数:民国时期的中学数学课本:英文	2019—08	88.00	1106
基谢廖夫初等代数	2022—07	38.00	1531
数学精神巡礼	2019—01	58.00	731
数学眼光透视(第2版)	2017—06	78.00	732
数学思想领悟(第2版)	2018—01	68.00	733
数学方法溯源(第2版)	2018—08	68.00	734
数学解题引论	2017—05	58.00	735
数学史话览胜(第2版)	2017—01	48.00	736
数学应用展观(第2版)	2017—08	68.00	737
数学建模尝试	2018—04	48.00	738
数学竞赛采风	2018—01	68.00	739
数学测评探营	2019—05	58.00	740
数学技能操握	2018—03	48.00	741
数学欣赏拾趣	2018—02	48.00	742
从毕达哥拉斯到怀尔斯	2007—10	48.00	9
从迪利克雷到维斯卡尔迪	2008—01	48.00	21
从哥德巴赫到陈景润	2008—05	98.00	35
从庞加莱到佩雷尔曼	2011—08	138.00	136
博弈论精粹	2008—03	58.00	30
博弈论精粹.第二版(精装)	2015—01	88.00	461
数学 我爱你	2008—01	28.00	20
精神的圣徒　别样的人生——60位中国数学家成长的历程	2008—09	48.00	39
数学史概论	2009—06	78.00	50
数学史概论(精装)	2013—03	158.00	272
数学史选讲	2016—01	48.00	544
斐波那契数列	2010—02	28.00	65
数学拼盘和斐波那契魔方	2010—07	38.00	72
斐波那契数列欣赏(第2版)	2018—08	58.00	948
Fibonacci数列中的明珠	2018—06	58.00	928
数学的创造	2011—02	48.00	85
数学美与创造力	2016—01	48.00	595
数海拾贝	2016—01	48.00	590
数学中的美(第2版)	2019—04	68.00	1057
数论中的美学	2014—12	38.00	351

刘培杰数学工作室
已出版(即将出版)图书目录——初等数学

书　名	出版时间	定　价	编号
数学王者　科学巨人——高斯	2015—01	28.00	428
振兴祖国数学的圆梦之旅:中国初等数学研究史话	2015—06	98.00	490
二十世纪中国数学史料研究	2015—10	48.00	536
数字谜、数阵图与棋盘覆盖	2016—01	58.00	298
数学概念的进化:一个初步的研究	2023—07	68.00	1683
数学发现的艺术:数学探索中的合情推理	2016—07	58.00	671
活跃在数学中的参数	2016—07	48.00	675
数海趣史	2021—05	98.00	1314
玩转幻中之幻	2023—08	88.00	1682
数学艺术品	2023—09	98.00	1685
数学博弈与游戏	2023—10	68.00	1692
数学解题——靠数学思想给力(上)	2011—07	38.00	131
数学解题——靠数学思想给力(中)	2011—07	48.00	132
数学解题——靠数学思想给力(下)	2011—07	38.00	133
我怎样解题	2013—01	48.00	227
数学解题中的物理方法	2011—06	28.00	114
数学解题的特殊方法	2011—06	48.00	115
中学数学计算技巧(第2版)	2020—10	48.00	1220
中学数学证明方法	2012—01	58.00	117
数学趣题巧解	2012—03	28.00	128
高中数学教学通鉴	2015—05	58.00	479
和高中生漫谈:数学与哲学的故事	2014—08	28.00	369
算术问题集	2017—03	38.00	789
张教授讲数学	2018—07	38.00	933
陈永明实话实说数学教学	2020—04	68.00	1132
中学数学学科知识与教学能力	2020—06	58.00	1155
怎样把课讲好:大罕数学教学随笔	2022—03	58.00	1484
中国高考评价体系下高考数学探秘	2022—03	48.00	1487
自主招生考试中的参数方程问题	2015—01	28.00	435
自主招生考试中的极坐标问题	2015—04	28.00	463
近年全国重点大学自主招生数学试题全解及研究.华约卷	2015—02	38.00	441
近年全国重点大学自主招生数学试题全解及研究.北约卷	2016—05	38.00	619
自主招生数学解证宝典	2015—09	48.00	535
中国科学技术大学创新班数学真题解析	2022—03	48.00	1488
中国科学技术大学创新班物理真题解析	2022—03	58.00	1489
格点和面积	2012—07	18.00	191
射影几何趣谈	2012—04	28.00	175
斯潘纳尔引理——从一道加拿大数学奥林匹克试题谈起	2014—01	28.00	228
李普希兹条件——从几道近年高考数学试题谈起	2012—10	18.00	221
拉格朗日中值定理——从一道北京高考试题的解法谈起	2015—10	18.00	197
闵科夫斯基定理——从一道清华大学自主招生试题谈起	2014—01	28.00	198
哈尔测度——从一道冬令营试题的背景谈起	2012—08	28.00	202
切比雪夫逼近问题——从一道中国台北数学奥林匹克试题谈起	2013—04	38.00	238
伯恩斯坦多项式与贝齐尔曲面——从一道全国高中数学联赛试题谈起	2013—03	38.00	236
卡塔兰猜想——从一道普特南竞赛试题谈起	2013—06	18.00	256
麦卡锡函数和阿克曼函数——从一道前南斯拉夫数学奥林匹克试题谈起	2012—08	18.00	201
贝蒂定理与拉姆贝克莫斯尔定理——从一个拣石子游戏谈起	2012—08	18.00	217
皮亚诺曲线和豪斯道夫分球定理——从无限集谈起	2012—08	18.00	211
平面凸图形与凸多面体	2012—10	28.00	218
斯坦因豪斯问题——从一道二十五省市自治区中学数学竞赛试题谈起	2012—07	18.00	196

刘培杰数学工作室
已出版(即将出版)图书目录——初等数学

书　名	出版时间	定　价	编号
纽结理论中的亚历山大多项式与琼斯多项式——从一道北京市高一数学竞赛试题谈起	2012—07	28.00	195
原则与策略——从波利亚"解题表"谈起	2013—04	38.00	244
转化与化归——从三大尺规作图不能问题谈起	2012—08	28.00	214
代数几何中的贝祖定理(第一版)——从一道IMO试题的解法谈起	2013—08	18.00	193
成功连贯理论与约当块理论——从一道比利时数学竞赛试题谈起	2012—04	18.00	180
素数判定与大数分解	2014—08	18.00	199
置换多项式及其应用	2012—10	18.00	220
椭圆函数与模函数——从一道美国加州大学洛杉矶分校(UCLA)博士资格考题谈起	2012—10	28.00	219
差分方程的拉格朗日方法——从一道2011年全国高考理科试题的解法谈起	2012—08	28.00	200
力学在几何中的一些应用	2013—01	38.00	240
从根式解到伽罗华理论	2020—01	48.00	1121
康托洛维奇不等式——从一道全国高中联赛试题谈起	2013—03	28.00	337
西格尔引理——从一道第18届IMO试题的解法谈起	即将出版		
罗斯定理——从一道前苏联数学竞赛试题谈起	即将出版		
拉克斯定理和阿廷定理——从一道IMO试题的解法谈起	2014—01	58.00	246
毕卡大定理——从一道美国大学数学竞赛试题谈起	2014—07	18.00	350
贝齐尔曲线——从一道全国高中联赛试题谈起	即将出版		
拉格朗日乘子定理——从一道2005年全国高中联赛试题的高等数学解法谈起	2015—05	28.00	480
雅可比定理——从一道日本数学奥林匹克试题谈起	2013—04	48.00	249
李天岩—约克定理——从一道波兰数学竞赛试题谈起	2014—06	28.00	349
受控理论与初等不等式:从一道IMO试题的解法谈起	2023—03	48.00	1601
布劳维不动点定理——从一道前苏联数学奥林匹克试题谈起	2014—01	38.00	273
伯恩赛德定理——从一道英国数学奥林匹克试题谈起	即将出版		
布查特—莫斯特定理——从一道上海市初中竞赛试题谈起	即将出版		
数论中的同余数问题——从一道普特南竞赛试题谈起	即将出版		
范·德蒙行列式——从一道美国数学奥林匹克试题谈起	即将出版		
中国剩余定理:总数法构建中国历史年表	2015—01	28.00	430
牛顿程序与方程求根——从一道全国高考试题解法谈起	即将出版		
库默尔定理——从一道IMO预选试题谈起	即将出版		
卢丁定理——从一道冬令营试题的解法谈起	即将出版		
沃斯滕霍姆定理——从一道IMO预选试题谈起	即将出版		
卡尔松不等式——从一道莫斯科数学奥林匹克试题谈起	即将出版		
信息论中的香农熵——从一道近年高考压轴题谈起	即将出版		
约当不等式——从一道希望杯竞赛试题谈起	即将出版		
拉比诺维奇定理	即将出版		
刘维尔定理——从一道《美国数学月刊》征解问题的解法谈起	即将出版		
卡塔兰恒等式与级数求和——从一道IMO试题的解法谈起	即将出版		
勒让德猜想与素数分布——从一道爱尔兰竞赛试题谈起	即将出版		
天平称重与信息论——从一道基辅市数学奥林匹克试题谈起	即将出版		
哈密尔顿—凯莱定理:从一道高中数学联赛试题的解法谈起	2014—09	18.00	376
艾思特曼定理——从一道CMO试题谈起	即将出版		

刘培杰数学工作室

已出版(即将出版)图书目录——初等数学

书　名	出版时间	定　价	编号
阿贝尔恒等式与经典不等式及应用	2018—06	98.00	923
迪利克雷除数问题	2018—07	48.00	930
幻方、幻立方与拉丁方	2019—08	48.00	1092
帕斯卡三角形	2014—03	18.00	294
蒲丰投针问题——从2009年清华大学的一道自主招生试题谈起	2014—01	38.00	295
斯图姆定理——从一道"华约"自主招生试题的解法谈起	2014—01	18.00	296
许瓦兹引理——从一道加利福尼亚大学伯克利分校数学系博士生试题谈起	2014—08	18.00	297
拉姆塞定理——从王诗宬院士的一个问题谈起	2016—04	48.00	299
坐标法	2013—12	28.00	332
数论三角形	2014—04	38.00	341
毕克定理	2014—07	18.00	352
数林掠影	2014—09	48.00	389
我们周围的概率	2014—10	38.00	390
凸函数最值定理:从一道华约自主招生题的解法谈起	2014—10	28.00	391
易学与数学奥林匹克	2014—10	38.00	392
生物数学趣谈	2015—01	18.00	409
反演	2015—01	28.00	420
因式分解与圆锥曲线	2015—01	18.00	426
轨迹	2015—01	28.00	427
面积原理:从常庚哲命的一道CMO试题的积分解法谈起	2015—01	48.00	431
形形色色的不动点定理:从一道28届IMO试题谈起	2015—01	38.00	439
柯西函数方程:从一道上海交大自主招生的试题谈起	2015—02	28.00	440
三角恒等式	2015—02	28.00	442
无理性判定:从一道2014年"北约"自主招生试题谈起	2015—01	38.00	443
数学归纳法	2015—03	18.00	451
极端原理与解题	2015—04	28.00	464
法雷级数	2014—08	18.00	367
摆线族	2015—01	38.00	438
函数方程及其解法	2015—05	38.00	470
含参数的方程和不等式	2012—09	28.00	213
希尔伯特第十问题	2016—01	38.00	543
无穷小量的求和	2016—01	28.00	545
切比雪夫多项式:从一道清华大学金秋营试题谈起	2016—01	38.00	583
泽肯多夫定理	2016—03	38.00	599
代数等式证题法	2016—01	28.00	600
三角等式证题法	2016—01	28.00	601
吴大任教授藏书中的一个因式分解公式:从一道美国数学邀请赛试题的解法谈起	2016—06	28.00	656
易卦——类万物的数学模型	2017—08	68.00	838
"不可思议"的数与数系可持续发展	2018—01	38.00	878
最短线	2018—01	38.00	879
数学在天文、地理、光学、机械力学中的一些应用	2023—03	88.00	1576
从阿基米德三角形谈起	2023—01	28.00	1578
幻方和魔方(第一卷)	2012—05	68.00	173
尘封的经典——初等数学经典文献选读(第一卷)	2012—07	48.00	205
尘封的经典——初等数学经典文献选读(第二卷)	2012—07	38.00	206
初级方程式论	2011—03	28.00	106
初等数学研究(Ⅰ)	2008—09	68.00	37
初等数学研究(Ⅱ)(上、下)	2009—05	118.00	46,47
初等数学专题研究	2022—10	68.00	1568

刘培杰数学工作室
已出版(即将出版)图书目录——初等数学

书　名	出版时间	定　价	编号
趣味初等方程妙题集锦	2014—09	48.00	388
趣味初等数论选美与欣赏	2015—02	48.00	445
耕读笔记(上卷):一位农民数学爱好者的初数探索	2015—04	28.00	459
耕读笔记(中卷):一位农民数学爱好者的初数探索	2015—05	28.00	483
耕读笔记(下卷):一位农民数学爱好者的初数探索	2015—05	28.00	484
几何不等式研究与欣赏.上卷	2016—01	88.00	547
几何不等式研究与欣赏.下卷	2016—01	48.00	552
初等数列研究与欣赏·上	2016—01	48.00	570
初等数列研究与欣赏·下	2016—01	48.00	571
趣味初等函数研究与欣赏.上	2016—09	48.00	684
趣味初等函数研究与欣赏.下	2018—09	48.00	685
三角不等式研究与欣赏	2020—10	68.00	1197
新编平面解析几何解题方法研究与欣赏	2021—10	78.00	1426
火柴游戏(第2版)	2022—05	38.00	1493
智力解谜.第1卷	2017—07	38.00	613
智力解谜.第2卷	2017—07	38.00	614
故事智力	2016—07	48.00	615
名人们喜欢的智力问题	2020—01	48.00	616
数学大师的发现、创造与失误	2018—01	48.00	617
异曲同工	2018—09	48.00	618
数学的味道(第2版)	2023—10	68.00	1686
数学千字文	2018—10	68.00	977
数贝偶拾——高考数学题研究	2014—04	28.00	274
数贝偶拾——初等数学研究	2014—04	38.00	275
数贝偶拾——奥数题研究	2014—04	48.00	276
钱昌本教你快乐学数学(上)	2011—12	48.00	155
钱昌本教你快乐学数学(下)	2012—03	58.00	171
集合、函数与方程	2014—01	28.00	300
数列与不等式	2014—01	38.00	301
三角与平面向量	2014—01	28.00	302
平面解析几何	2014—01	38.00	303
立体几何与组合	2014—01	28.00	304
极限与导数、数学归纳法	2014—01	38.00	305
趣味数学	2014—03	28.00	306
教材教法	2014—04	68.00	307
自主招生	2014—05	58.00	308
高考压轴题(上)	2015—01	48.00	309
高考压轴题(下)	2014—10	68.00	310
从费马到怀尔斯——费马大定理的历史	2013—10	198.00	I
从庞加莱到佩雷尔曼——庞加莱猜想的历史	2013—10	298.00	II
从切比雪夫到爱尔特希(上)——素数定理的初等证明	2013—07	48.00	III
从切比雪夫到爱尔特希(下)——素数定理100年	2012—12	98.00	III
从高斯到盖尔方特——二次域的高斯猜想	2013—10	198.00	IV
从库默尔到朗兰兹——朗兰兹猜想的历史	2014—01	98.00	V
从比勃巴赫到德布朗斯——比勃巴赫猜想的历史	2014—02	298.00	VI
从麦比乌斯到陈省身——麦比乌斯变换与麦比乌斯带	2014—02	298.00	VII
从布尔到豪斯道夫——布尔方程与格论漫谈	2013—10	198.00	VIII
从开普勒到阿诺德——三体问题的历史	2014—05	298.00	IX
从华林到华罗庚——华林问题的历史	2013—10	298.00	X

刘培杰数学工作室
已出版（即将出版）图书目录——初等数学

书　名	出版时间	定　价	编号
美国高中数学竞赛五十讲.第1卷(英文)	2014—08	28.00	357
美国高中数学竞赛五十讲.第2卷(英文)	2014—08	28.00	358
美国高中数学竞赛五十讲.第3卷(英文)	2014—09	28.00	359
美国高中数学竞赛五十讲.第4卷(英文)	2014—09	28.00	360
美国高中数学竞赛五十讲.第5卷(英文)	2014—10	28.00	361
美国高中数学竞赛五十讲.第6卷(英文)	2014—11	28.00	362
美国高中数学竞赛五十讲.第7卷(英文)	2014—12	28.00	363
美国高中数学竞赛五十讲.第8卷(英文)	2015—01	28.00	364
美国高中数学竞赛五十讲.第9卷(英文)	2015—01	28.00	365
美国高中数学竞赛五十讲.第10卷(英文)	2015—02	38.00	366
三角函数(第2版)	2017—04	38.00	626
不等式	2014—01	38.00	312
数列	2014—01	38.00	313
方程(第2版)	2017—04	38.00	624
排列和组合	2014—01	28.00	315
极限与导数(第2版)	2016—04	38.00	635
向量(第2版)	2018—08	58.00	627
复数及其应用	2014—08	28.00	318
函数	2014—01	38.00	319
集合	2020—01	48.00	320
直线与平面	2014—01	28.00	321
立体几何(第2版)	2016—04	38.00	629
解三角形	即将出版		323
直线与圆(第2版)	2016—11	38.00	631
圆锥曲线(第2版)	2016—09	48.00	632
解题通法(一)	2014—07	38.00	326
解题通法(二)	2014—07	38.00	327
解题通法(三)	2014—05	38.00	328
概率与统计	2014—01	28.00	329
信息迁移与算法	即将出版		330
IMO 50年.第1卷(1959—1963)	2014—11	28.00	377
IMO 50年.第2卷(1964—1968)	2014—11	28.00	378
IMO 50年.第3卷(1969—1973)	2014—09	28.00	379
IMO 50年.第4卷(1974—1978)	2016—04	38.00	380
IMO 50年.第5卷(1979—1984)	2015—04	38.00	381
IMO 50年.第6卷(1985—1989)	2015—04	58.00	382
IMO 50年.第7卷(1990—1994)	2016—01	48.00	383
IMO 50年.第8卷(1995—1999)	2016—06	38.00	384
IMO 50年.第9卷(2000—2004)	2015—04	58.00	385
IMO 50年.第10卷(2005—2009)	2016—01	48.00	386
IMO 50年.第11卷(2010—2015)	2017—03	48.00	646

刘培杰数学工作室
已出版(即将出版)图书目录——初等数学

书　名	出版时间	定　价	编号
数学反思(2006—2007)	2020—09	88.00	915
数学反思(2008—2009)	2019—01	68.00	917
数学反思(2010—2011)	2018—05	58.00	916
数学反思(2012—2013)	2019—01	58.00	918
数学反思(2014—2015)	2019—03	78.00	919
数学反思(2016—2017)	2021—03	58.00	1286
数学反思(2018—2019)	2023—01	88.00	1593
历届美国大学生数学竞赛试题集.第一卷(1938—1949)	2015—01	28.00	397
历届美国大学生数学竞赛试题集.第二卷(1950—1959)	2015—01	28.00	398
历届美国大学生数学竞赛试题集.第三卷(1960—1969)	2015—01	28.00	399
历届美国大学生数学竞赛试题集.第四卷(1970—1979)	2015—01	18.00	400
历届美国大学生数学竞赛试题集.第五卷(1980—1989)	2015—01	28.00	401
历届美国大学生数学竞赛试题集.第六卷(1990—1999)	2015—01	28.00	402
历届美国大学生数学竞赛试题集.第七卷(2000—2009)	2015—08	18.00	403
历届美国大学生数学竞赛试题集.第八卷(2010—2012)	2015—01	18.00	404
新课标高考数学创新题解题诀窍:总论	2014—09	28.00	372
新课标高考数学创新题解题诀窍:必修1～5分册	2014—08	38.00	373
新课标高考数学创新题解题诀窍:选修2－1,2－2,1－1,1－2分册	2014—09	38.00	374
新课标高考数学创新题解题诀窍:选修2－3,4－4,4－5分册	2014—09	18.00	375
全国重点大学自主招生英文数学试题全攻略:词汇卷	2015—07	48.00	410
全国重点大学自主招生英文数学试题全攻略:概念卷	2015—01	28.00	411
全国重点大学自主招生英文数学试题全攻略:文章选读卷(上)	2016—09	38.00	412
全国重点大学自主招生英文数学试题全攻略:文章选读卷(下)	2017—01	58.00	413
全国重点大学自主招生英文数学试题全攻略:试题卷	2015—07	38.00	414
全国重点大学自主招生英文数学试题全攻略:名著欣赏卷	2017—03	48.00	415
劳埃德数学趣题大全.题目卷.1:英文	2016—01	18.00	516
劳埃德数学趣题大全.题目卷.2:英文	2016—01	18.00	517
劳埃德数学趣题大全.题目卷.3:英文	2016—01	18.00	518
劳埃德数学趣题大全.题目卷.4:英文	2016—01	18.00	519
劳埃德数学趣题大全.题目卷.5:英文	2016—01	18.00	520
劳埃德数学趣题大全.答案卷:英文	2016—01	18.00	521
李成章教练奥数笔记.第1卷	2016—01	48.00	522
李成章教练奥数笔记.第2卷	2016—01	48.00	523
李成章教练奥数笔记.第3卷	2016—01	38.00	524
李成章教练奥数笔记.第4卷	2016—01	38.00	525
李成章教练奥数笔记.第5卷	2016—01	38.00	526
李成章教练奥数笔记.第6卷	2016—01	38.00	527
李成章教练奥数笔记.第7卷	2016—01	38.00	528
李成章教练奥数笔记.第8卷	2016—01	48.00	529
李成章教练奥数笔记.第9卷	2016—01	28.00	530

刘培杰数学工作室
已出版(即将出版)图书目录——初等数学

书　名	出版时间	定　价	编号
第19～23届"希望杯"全国数学邀请赛试题审题要津详细评注(初一版)	2014—03	28.00	333
第19～23届"希望杯"全国数学邀请赛试题审题要津详细评注(初二、初三版)	2014—03	38.00	334
第19～23届"希望杯"全国数学邀请赛试题审题要津详细评注(高一版)	2014—03	28.00	335
第19～23届"希望杯"全国数学邀请赛试题审题要津详细评注(高二版)	2014—03	38.00	336
第19～25届"希望杯"全国数学邀请赛试题审题要津详细评注(初一版)	2015—01	38.00	416
第19～25届"希望杯"全国数学邀请赛试题审题要津详细评注(初二、初三版)	2015—01	58.00	417
第19～25届"希望杯"全国数学邀请赛试题审题要津详细评注(高一版)	2015—01	48.00	418
第19～25届"希望杯"全国数学邀请赛试题审题要津详细评注(高二版)	2015—01	48.00	419
物理奥林匹克竞赛大题典——力学卷	2014—11	48.00	405
物理奥林匹克竞赛大题典——热学卷	2014—04	28.00	339
物理奥林匹克竞赛大题典——电磁学卷	2015—07	48.00	406
物理奥林匹克竞赛大题典——光学与近代物理卷	2014—06	28.00	345
历届中国东南地区数学奥林匹克试题集(2004～2012)	2014—06	18.00	346
历届中国西部地区数学奥林匹克试题集(2001～2012)	2014—07	18.00	347
历届中国女子数学奥林匹克试题集(2002～2012)	2014—08	18.00	348
数学奥林匹克在中国	2014—06	98.00	344
数学奥林匹克问题集	2014—01	38.00	267
数学奥林匹克不等式散论	2010—06	38.00	124
数学奥林匹克不等式欣赏	2011—09	38.00	138
数学奥林匹克超级题库(初中卷上)	2010—01	58.00	66
数学奥林匹克不等式证明方法和技巧(上、下)	2011—08	158.00	134,135
他们学什么:原民主德国中学数学课本	2016—09	38.00	658
他们学什么:英国中学数学课本	2016—09	38.00	659
他们学什么:法国中学数学课本.1	2016—09	38.00	660
他们学什么:法国中学数学课本.2	2016—09	28.00	661
他们学什么:法国中学数学课本.3	2016—09	38.00	662
他们学什么:苏联中学数学课本	2016—09	28.00	679
高中数学题典——集合与简易逻辑·函数	2016—07	48.00	647
高中数学题典——导数	2016—07	48.00	648
高中数学题典——三角函数·平面向量	2016—07	48.00	649
高中数学题典——数列	2016—07	58.00	650
高中数学题典——不等式·推理与证明	2016—07	38.00	651
高中数学题典——立体几何	2016—07	48.00	652
高中数学题典——平面解析几何	2016—07	78.00	653
高中数学题典——计数原理·统计·概率·复数	2016—07	48.00	654
高中数学题典——算法·平面几何·初等数论·组合数学·其他	2016—07	68.00	655

刘培杰数学工作室
已出版(即将出版)图书目录——初等数学

书 名	出版时间	定 价	编号
台湾地区奥林匹克数学竞赛试题.小学一年级	2017—03	38.00	722
台湾地区奥林匹克数学竞赛试题.小学二年级	2017—03	38.00	723
台湾地区奥林匹克数学竞赛试题.小学三年级	2017—03	38.00	724
台湾地区奥林匹克数学竞赛试题.小学四年级	2017—03	38.00	725
台湾地区奥林匹克数学竞赛试题.小学五年级	2017—03	38.00	726
台湾地区奥林匹克数学竞赛试题.小学六年级	2017—03	38.00	727
台湾地区奥林匹克数学竞赛试题.初中一年级	2017—03	38.00	728
台湾地区奥林匹克数学竞赛试题.初中二年级	2017—03	38.00	729
台湾地区奥林匹克数学竞赛试题.初中三年级	2017—03	28.00	730
不等式证题法	2017—04	28.00	747
平面几何培优教程	2019—08	88.00	748
奥数鼎级培优教程.高一分册	2018—09	88.00	749
奥数鼎级培优教程.高二分册.上	2018—04	68.00	750
奥数鼎级培优教程.高二分册.下	2018—04	68.00	751
高中数学竞赛冲刺宝典	2019—04	68.00	883
初中尖子生数学超级题典.实数	2017—07	58.00	792
初中尖子生数学超级题典.式、方程与不等式	2017—08	58.00	793
初中尖子生数学超级题典.圆、面积	2017—08	38.00	794
初中尖子生数学超级题典.函数、逻辑推理	2017—08	48.00	795
初中尖子生数学超级题典.角、线段、三角形与多边形	2017—07	58.00	796
数学王子——高斯	2018—01	48.00	858
坎坷奇星——阿贝尔	2018—01	48.00	859
闪烁奇星——伽罗瓦	2018—01	58.00	860
无穷统帅——康托尔	2018—01	48.00	861
科学公主——柯瓦列夫斯卡娅	2018—01	48.00	862
抽象代数之母——埃米·诺特	2018—01	48.00	863
电脑先驱——图灵	2018—01	58.00	864
昔日神童——维纳	2018—01	48.00	865
数坛怪侠——爱尔特希	2018—01	68.00	866
传奇数学家徐利治	2019—09	88.00	1110
当代世界中的数学.数学思想与数学基础	2019—01	38.00	892
当代世界中的数学.数学问题	2019—01	38.00	893
当代世界中的数学.应用数学与数学应用	2019—01	38.00	894
当代世界中的数学.数学王国的新疆域(一)	2019—01	38.00	895
当代世界中的数学.数学王国的新疆域(二)	2019—01	38.00	896
当代世界中的数学.数林撷英(一)	2019—01	38.00	897
当代世界中的数学.数林撷英(二)	2019—01	48.00	898
当代世界中的数学.数学之路	2019—01	38.00	899

刘培杰数学工作室
已出版(即将出版)图书目录——初等数学

书　名	出版时间	定　价	编号
105 个代数问题:来自 AwesomeMath 夏季课程	2019—02	58.00	956
106 个几何问题:来自 AwesomeMath 夏季课程	2020—07	58.00	957
107 个几何问题:来自 AwesomeMath 全年课程	2020—07	58.00	958
108 个代数问题:来自 AwesomeMath 全年课程	2019—01	68.00	959
109 个不等式:来自 AwesomeMath 夏季课程	2019—04	58.00	960
国际数学奥林匹克中的 110 个几何问题	即将出版		961
111 个代数和数论问题	2019—05	58.00	962
112 个组合问题:来自 AwesomeMath 夏季课程	2019—05	58.00	963
113 个几何不等式:来自 AwesomeMath 夏季课程	2020—08	58.00	964
114 个指数和对数问题:来自 AwesomeMath 夏季课程	2019—09	48.00	965
115 个三角问题:来自 AwesomeMath 夏季课程	2019—09	58.00	966
116 个代数不等式:来自 AwesomeMath 全年课程	2019—04	58.00	967
117 个多项式问题:来自 AwesomeMath 夏季课程	2021—09	58.00	1409
118 个数学竞赛不等式	2022—08	78.00	1526
紫色彗星国际数学竞赛试题	2019—02	58.00	999
数学竞赛中的数学:为数学爱好者、父母、教师和教练准备的丰富资源. 第一部	2020—04	58.00	1141
数学竞赛中的数学:为数学爱好者、父母、教师和教练准备的丰富资源. 第二部	2020—07	48.00	1142
和与积	2020—10	38.00	1219
数论:概念和问题	2020—12	68.00	1257
初等数学问题研究	2021—03	48.00	1270
数学奥林匹克中的欧几里得几何	2021—10	68.00	1413
数学奥林匹克题解新编	2022—01	58.00	1430
图论入门	2022—09	58.00	1554
新的、更新的、最新的不等式	2023—07	58.00	1650
澳大利亚中学数学竞赛试题及解答(初级卷)1978~1984	2019—02	28.00	1002
澳大利亚中学数学竞赛试题及解答(初级卷)1985~1991	2019—02	28.00	1003
澳大利亚中学数学竞赛试题及解答(初级卷)1992~1998	2019—02	28.00	1004
澳大利亚中学数学竞赛试题及解答(初级卷)1999~2005	2019—02	28.00	1005
澳大利亚中学数学竞赛试题及解答(中级卷)1978~1984	2019—03	28.00	1006
澳大利亚中学数学竞赛试题及解答(中级卷)1985~1991	2019—03	28.00	1007
澳大利亚中学数学竞赛试题及解答(中级卷)1992~1998	2019—03	28.00	1008
澳大利亚中学数学竞赛试题及解答(中级卷)1999~2005	2019—03	28.00	1009
澳大利亚中学数学竞赛试题及解答(高级卷)1978~1984	2019—05	28.00	1010
澳大利亚中学数学竞赛试题及解答(高级卷)1985~1991	2019—05	28.00	1011
澳大利亚中学数学竞赛试题及解答(高级卷)1992~1998	2019—05	28.00	1012
澳大利亚中学数学竞赛试题及解答(高级卷)1999~2005	2019—05	28.00	1013
天才中小学生智力测验题. 第一卷	2019—03	38.00	1026
天才中小学生智力测验题. 第二卷	2019—03	38.00	1027
天才中小学生智力测验题. 第三卷	2019—03	38.00	1028
天才中小学生智力测验题. 第四卷	2019—03	38.00	1029
天才中小学生智力测验题. 第五卷	2019—03	38.00	1030
天才中小学生智力测验题. 第六卷	2019—03	38.00	1031
天才中小学生智力测验题. 第七卷	2019—03	38.00	1032
天才中小学生智力测验题. 第八卷	2019—03	38.00	1033
天才中小学生智力测验题. 第九卷	2019—03	38.00	1034
天才中小学生智力测验题. 第十卷	2019—03	38.00	1035
天才中小学生智力测验题. 第十一卷	2019—03	38.00	1036
天才中小学生智力测验题. 第十二卷	2019—03	38.00	1037
天才中小学生智力测验题. 第十三卷	2019—03	38.00	1038

书　名	出版时间	定　价	编号
重点大学自主招生数学备考全书:函数	2020—05	48.00	1047
重点大学自主招生数学备考全书:导数	2020—08	48.00	1048
重点大学自主招生数学备考全书:数列与不等式	2019—10	78.00	1049
重点大学自主招生数学备考全书:三角函数与平面向量	2020—08	68.00	1050
重点大学自主招生数学备考全书:平面解析几何	2020—07	58.00	1051
重点大学自主招生数学备考全书:立体几何与平面几何	2019—08	48.00	1052
重点大学自主招生数学备考全书:排列组合·概率统计·复数	2019—09	48.00	1053
重点大学自主招生数学备考全书:初等数论与组合数学	2019—08	48.00	1054
重点大学自主招生数学备考全书:重点大学自主招生真题.上	2019—04	68.00	1055
重点大学自主招生数学备考全书:重点大学自主招生真题.下	2019—04	58.00	1056
高中数学竞赛培训教程:平面几何问题的求解方法与策略.上	2018—05	68.00	906
高中数学竞赛培训教程:平面几何问题的求解方法与策略.下	2018—06	78.00	907
高中数学竞赛培训教程:整除与同余以及不定方程	2018—01	88.00	908
高中数学竞赛培训教程:组合计数与组合极值	2018—04	48.00	909
高中数学竞赛培训教程:初等代数	2019—04	78.00	1042
高中数学讲座:数学竞赛基础教程(第一册)	2019—06	48.00	1094
高中数学讲座:数学竞赛基础教程(第二册)	即将出版		1095
高中数学讲座:数学竞赛基础教程(第三册)	即将出版		1096
高中数学讲座:数学竞赛基础教程(第四册)	即将出版		1097
新编中学数学解题方法 1000 招丛书.实数(初中版)	2022—05	58.00	1291
新编中学数学解题方法 1000 招丛书.式(初中版)	2022—05	48.00	1292
新编中学数学解题方法 1000 招丛书.方程与不等式(初中版)	2021—04	58.00	1293
新编中学数学解题方法 1000 招丛书.函数(初中版)	2022—05	38.00	1294
新编中学数学解题方法 1000 招丛书.角(初中版)	2022—05	48.00	1295
新编中学数学解题方法 1000 招丛书.线段(初中版)	2022—05	48.00	1296
新编中学数学解题方法 1000 招丛书.三角形与多边形(初中版)	2021—04	48.00	1297
新编中学数学解题方法 1000 招丛书.圆(初中版)	2022—05	48.00	1298
新编中学数学解题方法 1000 招丛书.面积(初中版)	2021—07	28.00	1299
新编中学数学解题方法 1000 招丛书.逻辑推理(初中版)	2022—06	48.00	1300
高中数学题典精编.第一辑.函数	2022—01	58.00	1444
高中数学题典精编.第一辑.导数	2022—01	68.00	1445
高中数学题典精编.第一辑.三角函数·平面向量	2022—01	68.00	1446
高中数学题典精编.第一辑.数列	2022—01	58.00	1447
高中数学题典精编.第一辑.不等式·推理与证明	2022—01	58.00	1448
高中数学题典精编.第一辑.立体几何	2022—01	58.00	1449
高中数学题典精编.第一辑.平面解析几何	2022—01	68.00	1450
高中数学题典精编.第一辑.统计·概率·平面几何	2022—01	58.00	1451
高中数学题典精编.第一辑.初等数论·组合数学·数学文化·解题方法	2022—01	58.00	1452
历届全国初中数学竞赛试题分类解析.初等代数	2022—09	98.00	1555
历届全国初中数学竞赛试题分类解析.初等数论	2022—09	48.00	1556
历届全国初中数学竞赛试题分类解析.平面几何	2022—09	38.00	1557
历届全国初中数学竞赛试题分类解析.组合	2022—09	38.00	1558

刘培杰数学工作室
已出版(即将出版)图书目录——初等数学

书 名	出版时间	定 价	编号
从三道高三数学模拟题的背景谈起:兼谈傅里叶三角级数	2023—03	48.00	1651
从一道日本东京大学的入学试题谈起:兼谈 π 的方方面面	即将出版		1652
从两道 2021 年福建高三数学测试题谈起:兼谈球面几何学与球面三角学	即将出版		1653
从一道湖南高考数学试题谈起:兼谈有界变差数列	即将出版		1654
从一道高校自主招生试题谈起:兼谈詹森函数方程	即将出版		1655
从一道上海高考数学试题谈起:兼谈有界变差函数	即将出版		1656
从一道北京大学金秋营数学试题的解法谈起:兼谈伽罗瓦理论	即将出版		1657
从一道北京高考数学试题的解法谈起:兼谈毕克定理	即将出版		1658
从一道北京大学金秋营数学试题的解法谈起:兼谈帕塞瓦尔恒等式	即将出版		1659
从一道高三数学模拟测试题的背景谈起:兼谈等周问题与等周不等式	即将出版		1660
从一道 2020 年全国高考数学试题的解法谈起:兼谈斐波那契数列和纳卡穆拉定理及奥斯图达定理	即将出版		1661
从一道高考数学附加题谈起:兼谈广义斐波那契数列	即将出版		1662
代数学教程.第一卷,集合论	2023—08	58.00	1664
代数学教程.第二卷,抽象代数基础	2023—08	68.00	1665
代数学教程.第三卷,数论原理	2023—08	58.00	1666
代数学教程.第四卷,代数方程式论	2023—08	48.00	1667
代数学教程.第五卷,多项式理论	2023—08	58.00	1668

联系地址:哈尔滨市南岗区复华四道街 10 号　哈尔滨工业大学出版社刘培杰数学工作室
网　　址:http://lpj.hit.edu.cn/
邮　　编:150006
联系电话:0451—86281378　　13904613167
E-mail:lpj1378@163.com